国际时装设计经典系列丛书

FASHION DESIGNER
CONCEPT TO COLLECTION

国际时装设计基础教程

——从设计概念到最终系列展示

[英] 桑德拉·伯克（Sandra Burke） 著
陈洁 王伟平 王玲玲 译

東華大學出版社
·上海·

图书在版编目（CIP）数据

从设计概念到最终系列展示 /（英）桑德拉·伯克著;陈洁，王伟平，王玲玲译. — 上海 ：东华大学出版社，2017.1

国际时装设计基础教程

ISBN 978-7-5669-1094-3

Ⅰ. ①从… Ⅱ. ①桑… ②陈… ③王… ④王… Ⅲ. ①服装设计—教材 Ⅳ. ①TS941.2

中国版本图书馆CIP数据核字(2016)第218484号

合同登记号：09-2014-656

封面图由法国巴黎时尚资讯公司Promostyl提供。

责任编辑 谢 未

版式设计 鲁晓贝 王 丽

国际时装设计基础教程——从设计概念到最终系列展示

Guoji Shizhuang Sheji Jichu Jiaocheng-Cong Sheji Gainian dao Zuizhong Xilie Zhanshi

著　者：[英] 桑德拉·伯克

译　者：陈 洁 王伟平 王玲玲

出　版：东华大学出版社

（上海市延安西路1882号　邮政编码：200051）

出版社网址：http://www.dhupress.net

天猫旗舰店：http://dhdx.tmall.com

营销中心：021-62193056　62373056　62379558

印　刷：上海利丰雅高印刷有限公司

开　本：889 mm×1194 mm　1/16

印　张：10.25

字　数：361千字

版　次：2017年1月第1版

印　次：2017年1月第1次印刷

书　号：ISBN 978-7-5669-1094-3/TS · 729

定　价：59.00元

服装设计师汉娜·马歇尔作品：春夏系列
摄影：克里斯·摩尔

目录

第一章

时尚与服装设计过程

"夏奈尔服装仅由几种元素组成，如白色山茶花、绗缝包、奥地利门童上衣、珍珠、链条、黑色尖头鞋子。我像运用音符一样使用这些元素，对它们进行把玩。"

——卡尔·拉格菲尔德

什么是时尚?

时尚常常是我们社会的一种映射——有时，它被看作是一种艺术形式。它可以转换成一种形象，来昭显一个人的社会地位，或是作为一种社交声明。它与推陈出新有关，也会考虑到时常变化的审美。时尚常常被描述成一种被很多人跟随的一种当前的风格。从广义上来说，时尚刻画了一种时代精神。

普遍说来，时尚界是数十亿美元的产业，提供了一系列眼花缭乱的产品，有着各种各样的价格，从奢侈品到不是很贵的产品，再到大批量生产的商品。时尚和创意产业形成的产业链为成千上万的人提供了工作机会，如在服装设计、纺织设计、生产、媒体、销售与营销、时尚零售以及服装管理等领域。当然，教育业，亦应培养具备相应技能、知识和能力的学生，让他们进入到时尚与创意产业中去。

这本书的读者群是谁？目的是什么？

《国际时装设计基础教程》的编写目的是为服装设计师、造型师和插画师提供灵感，同时面向服装专业的学生、教育工作者、技师以及对服装专业感兴趣的读者，提供了从设计概念到成品系列展示的完整设计方法与技巧。首先通过"时尚与时装设计过程"的概述引导读者，对基本设计技法和成功设计系列服装或产品系列的所需技能进行阐述。本书将引导与带领读者实现最初的设计理念，旨在帮助读者在时尚界的职场上取得成功，并成为全球化的、充满活力的时尚界的一部分。

上图：服装设计师兼时装画家里德维尼·格罗斯布瓦作品。夏奈尔和路易·威登配饰系列的奢侈品设计

左页图：服装设计师兼时装画家娜塔莎·戈德梅恩作品。时尚刻画时代精神

时装画家娜塔莎·戈德梅恩作品

这本书的内容是什么？如何使用？

《国际时装设计基础教程》一书理论与实践相结合，它解释了如何在设计调研中获取灵感，如何用二维形式如草图和效果图表述设计理念，再将这些理念用三维的形式如服装系列和服装产品来表现。此外，本书还对营销、市场和品牌的创立过程，以及如何在服装贸易展会中展示产品系列等内容进行阐述。

本书章节的设置体现了逻辑性的学习进程；通过清晰的步骤，引导读者通过设计过程中的关键事物，解释它们如何与时尚和纺织品行业相关联。本书将服装设计分成三个部分：

1. 设计调研与理念阶段

2. 设计方法与技巧阶段

3. 设计概要与设计过程阶段

《国际时装设计基础教程》一书图例丰富，这些服装草图、效果图、精美照片等，来源于世界各地行业中的优秀专业人士（包括设计师、插画师、摄影师等），并附有图注说明，激发读者的创造力，从视觉上帮助读者理解设计进程。

1. 设计调研与理念——第二章～第七章：本书的第一部分介绍了时装设计的关键要素，帮助读者实施设计调研，使读者获取必需的背景知识，激发创造性，提升新颖的设计理念。

第二章　设计调研与服装速写本：寻找理念，开发自己的服装速写本。

第三章　服装历史与文化：服装史与文化上的关键影响因素，有助于未来的服装设计。

第四章　时尚流行趋势与周期预测：通过分析，帮助读者在所有的设计阶段做出正确的设计决定，从织物到色彩，再到产品供给。

第五章　色彩和面料——理论、设计、采购和选择。

第六章　廓型、款式和细节——服装的语言：人体草图模板，主要的服装款式。

第七章　服装市场与客户：产业细分——不同领域、市场层级、服装与产品类别。

2. 设计方法与技巧——第八章、第九章：本书的第二部分介绍了设计概念形成的过程；如何从创意性的调研中获得灵感，将最初的设计理念变成二维形式。它解释了在服装与纺织行业中，通常使用的二维表达形式和演示方法。

第八章　设计开发——设计要素和原则：从概念到系列（二维形式）。

第九章　服装设计表达与作品集：以二维形式对设计作品与系列产品进行视觉表达。

3. 设计概要与设计过程——第十章～第十二章：本书的第三部分解释了怎样理解服装设计概要，满足其目标需求。它解释了将二维设计理念转换成三维的服装系列产品或服装单品的技法，再将产品市场化、商品化，并在市场中进行销售——从理念到系列产品，再到客户。

第十章 设计概要——设计一个系列：探讨从概要到开发创意性的、市场化的产品设计可行性。

第十一章 板房：结构、样衣和原型：绘制样板和制作样衣或原型。

第十二章 最终产品系列——推广和销售：完善系列产品并确保风格统一，将其市场化、商品化及销售。

附录部分阐述了生产过程和各种实用信息；案例学习——可持续性、时装业的那些设计师们：这些案例的研究/采访，以及案例作品均来自时尚业不同领域服装与纺织品设计师从业人员，有非常实际的参考意义。

专业术语表展示了服装设计的国际化语言；网络资源为读者提供了进一步阅读和索引的实用网站、公司名称、行业出版物、相关教材和关键词。

服装设计师的作用

服装设计师是一种兼具创意与技术的职业，设计师们为特定的市场和特定主题设计服装。这包括行业前沿的高级定制服装设计师、成衣设计师、奢侈品牌设计师，以及为高街品牌（如 Dior、Chanel、Gucci、Zara、Top Shop 以及 H&M）设计服装的更加商业化的设计师。

成功的服装设计师不只是创意的革新者，也是问题的解决者、项目经理、团队领导者、合作者以及沟通者。要有设计的激情，设计师们也应时刻关注当前与未来的风格与流行趋势。这包括服装、纺织、音乐、文化、生活方式、技术甚至经济、民族以及社会问题等方面的流行趋势。

最重要的是，服装设计师也能解释设计概要，并能创作概念理念，并将它们诠释成市场化的设计与时尚产品。从商业的角度来说，这不仅可以带来实际的商业销售，也包含了为推广或展会而进行的设计。例如，国际时装领域的高级定制时装，它们只是面向社会中最富裕的阶层，它们突破了设计的界限，而对于特定的服装公司而言，这也是对品牌的推广与宣传。

综上所述，要想在时装界取得成功，服装设计师需要具备一系列的综合能力，如从创意到技术，到管理再到商业；这些能力的总结如表 1.1 所示。不是每个设计师在每一方面都样样精通，但大多数设计师会在某一方面非常擅长，并且技能多样化，即他们至少会对其他领域有一定的了解。

服装设计师的综合技能			
创意能力	**技术能力**	**商业能力**	**管理能力**
调研（市场与流行趋势）定位与理解	样板绘制／制作 服装原型与立裁	创业与发现机遇的能力	推广
概念与分析思考、调研	服装工艺／缝制	营销与品牌推广	项目管理
设计、创意与创新	掌握各种软件、工艺图绘制与排料	销售与谈判	解决问题与决策能力
服装速写	定制技术	交际能力	领导力与团队管理
效果图表达	针织（手工、机器）／其他手工技巧：缝线、刺绣与贴花		聆听与沟通
工艺图／平面款式图	纺织技术：印染、编织、毡制		组织与协调
计算机辅助设计工具(CAD)：Photoshop、Illustrator、InDesign	CAD（格柏、力克）		
摄影	放码		
产品开发			

表 1.1 服装设计师的综合能力，表中内容对服装设计师的综合能力进行了细分（这个列表并不全面包含服装设计师的所有技能，只是涵盖了比较显著的部分）

服装设计过程

服装设计的过程如图 1.1 所示，将服装设计细分成一个相互关联的活动流程图。每项活动便会产生相应的结果，或是过程的下一步。服装设计过程由设计概要开始（通过口头或书面的形式传达）。概要详细说明了创意设计项目的目标与目的，有可能是设计一件服装、服装产品或者一个统一的服装系列。

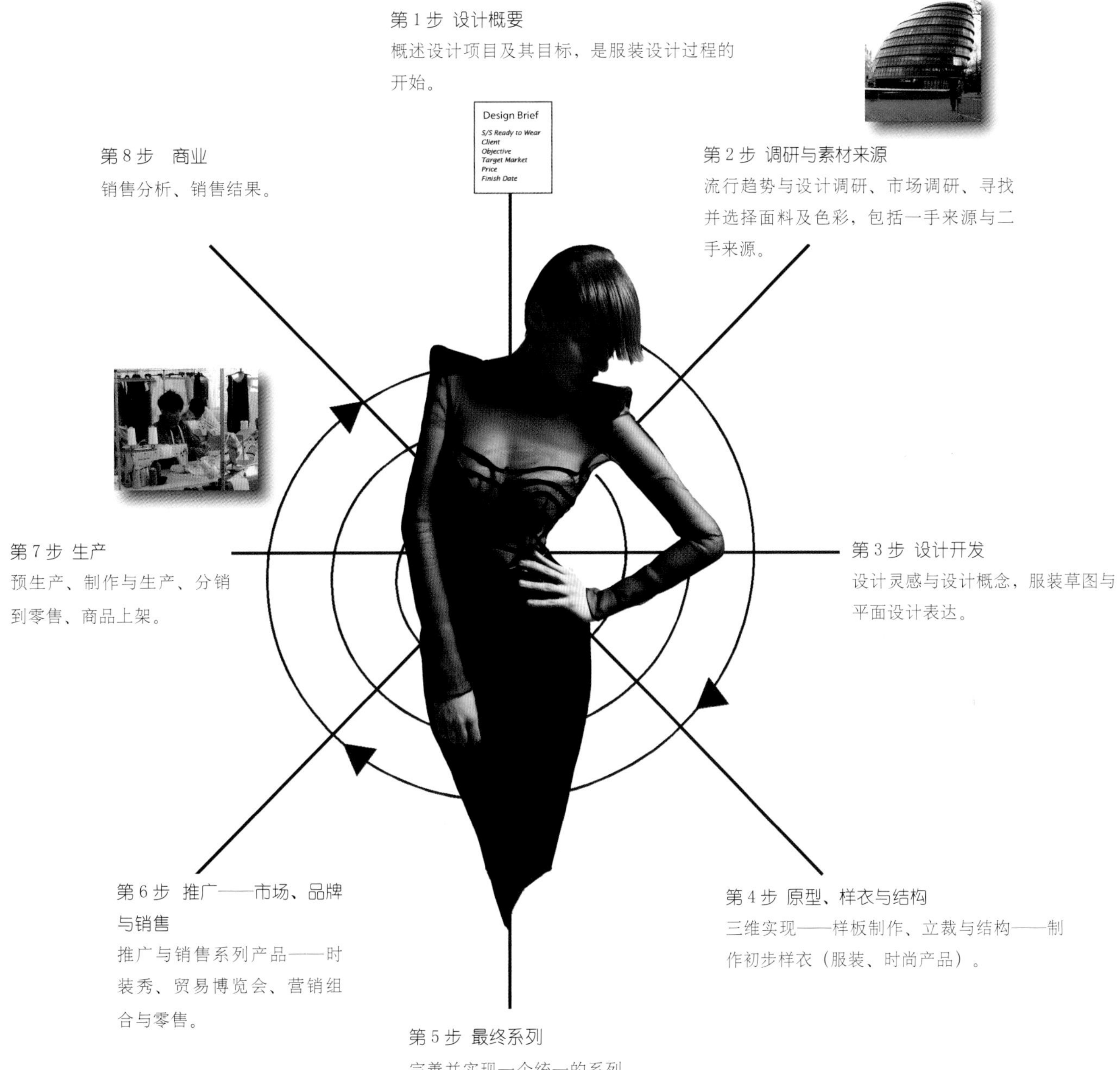

第 1 步 设计概要
概述设计项目及其目标，是服装设计过程的开始。
Design Brief
S/S Ready to Wear
Client
Objective
Target Market
Price
Finish Date
第 2 步 调研与素材来源
流行趋势与设计调研、市场调研、寻找并选择面料及色彩，包括一手来源与二手来源。
第 3 步 设计开发
设计灵感与设计概念，服装草图与平面设计表达。
第 4 步 原型、样衣与结构
三维实现——样板制作、立裁与结构——制作初步样衣（服装、时尚产品）。
第 5 步 最终系列
完善并实现一个统一的系列。
第 6 步 推广——市场、品牌与销售
推广与销售系列产品——时装秀、贸易博览会、营销组合与零售。
第 7 步 生产
预生产、制作与生产、分销到零售、商品上架。
第 8 步 商业
销售分析、销售结果。

服装设计过程时间轴

表 1.2 为表 1.1. 服装设计过程内容的拓展，对本书中的七项关键内容与主题进行了详细解说。它的顺序与本书中的章节内容一致（除了“设计概要”一章）。

作为过程的一部分，在灵感、调研、概念思考、创意、实验、革新、定位和转化等不同阶段，服装设计师都会运用设计技巧进行如下工作：

· 调研——对你的创作理念进行调研，对服装流行趋势以及市场走向进行调研；

· 概念思考——为概念形成初始创意，或是解决一个具体问题，如制作样板。

· 设计作品的创意——可用笔在纸上画出，也可以用面料在人台上表达。

· 实验与探索——对面料进行试验，并开发样衣。

· 创新——构思了一个此前从未有过的新想法，或对一个问题进行创意性的解决。

· 定位——对你的目标市场或客户进行界定。

· 转化——实现设计概要，或是将二维图像转化为实际的服装系列产品。

服装设计过程时间轴

1. 服装设计概要	2. 调研与素材来源	3. 设计调研
分析设计概要、明确客户 / 公司的目标与任务 · 设计概要的类型——学术型、竞赛型、客户型 · 根据概要进行工作，确定交货期 · 项目 / 公司名字、主题、季节、简单编号、签发的日期 · 项目的职责、审核 · 解决问题、头脑风暴 · 参数、约束条件及结果 · 目标市场、客户、人口结构 · 关键日期、截止日期 · 设计要求、款式、廓型、色彩、面料、材料 · 设计展示、样品、原型、系列 / 品牌 / 产品范畴 · 服装设计项目 · 相关方的要求与期望	**流行趋势、设计和市场调研、素材来源** · 资料收集——一手与二手来源（素材、观察及分析），产品与市场调研，报告，市场资讯 · 资源文件、速写本、数字资源 · 调研——店铺调研、购物报告、历史、文化、电影、展览、美术馆、博物馆、建筑、剧场、旅行 · 趋势分析——时尚预测、周期、时尚与贸易展 / 秀场、出版物、在线资讯 · 色彩、面料、材料、手感、立裁、样板、印花、装饰、表面细节 / 装饰、辅料采购、样品 · 廓型、款式、细节、服装类别 · 市场分析——领域、层级、服装与产品类别、细分、人口结构、客户	**设计概念到二维展示（纸质与电子格式）** · 设计元素——廓型、造型、体量、形式、色彩、线条、裁剪、造型线、结构、材质、面料、材料 · 设计原则——比例、大小、平衡、节奏、重复、重心、焦点、渐变、对比、和谐、整体、标志性风格 · 设计开发、服装人体草图、服装速写本 · 概念、主题、面料、色彩、样品 · 表达与展板（情绪 / 灵感 / 概念 / 主题 / 故事、色彩、面料、风格） · 服装草图、服装效果图、平面款式图、结构图、规格尺寸等 · 数字化设计——Photoshop、Illustrator、CorelDRAW

女装设计师路易斯·戴维斯给想从事服装业人士的建议：

"作为一名服装设计师，一切的一切都关乎最后期限，它与设计同样重要。"

"近年来，很多设计师，像我自己，很少能奢侈地拥有专门的工艺设计专家、样板师和样衣工肩并肩地一起工作，或在同一幢楼里办公。所有的样衣与原型在国外制作，如意大利、西班牙、中国、印度、越南等国家；因此，清晰的图稿非常重要，通过工艺图、规格图和照片将你的设计从视觉上有效地表达出来。"

左页图与右图：服装设计师崔罗拉·布莱克威尔作品。在人台上进行设计创意；服装效果图——服装设计过程的一部分。

4. 原型、样衣与工艺	5. 最终系列 / 产品线	6. 推广（营销、品牌与销售）	7. 生产
工艺与制作样衣 ·三维实现、转换、廓型拓展、造型、比例 ·工具、设备 ·用面料在人台上操作——立裁、塑型、褶裥 ·样板绘制、制图、立裁、规格表、标准号型、初次样板、人台、创意样板制作、平面纸样、计算机打板 /CAD ·工艺——初次样衣、白坯布、平纹细布、检测、试衣、修改 / 修正成本预算 ·面料制作与裁剪 ·拼缝、细节、后整理	**完善以形成统一风格的服装系列** ·设计解决方法——实现、评价、决策、编辑、完善、外观、审美、性能 ·最终系列、数量、成本、价格、试衣、精简、统一 ·复制样衣	**设计作品集、市场与销售** ·推广——市场、品牌、销售：商标、商务名片、服装标签、宣传册、宣传资料袋、画册、服装款式总表 ·网站、公关、媒体 ·服装与纺织业大型活动、服装秀、行业动态、虚拟流媒体展示、赞助型服装秀、时间安排、其他秀、毕业秀 ·销售与系列、产品结构、产品、生活方式	**设计与生产进程** ·设计与生产部门、组织架构、预生产和生产（计划、裁剪计划、面料交付）、放码、样品生产 ·生产（工厂选择、缝制、后整理） ·大批量生产 ·规格尺寸表 / 工艺单、款式表、生产控制表、测量、设计款式表、成本表、技术包、规格尺寸文件

第二章

设计调研
与服装速写本

“想要创造出与众不同的东西，你就要坚持不懈地对最小的细节予以全面关注。”
——乔治 · 阿玛尼

所有的设计概要和设计项目都以调研和收集相关的信息开始。服装的调研贯穿整个创新的过程并巩固了每个服装概念。设计一个服装系列不仅仅是调研最新流行趋势和款式，勾绘时髦的服装，它包含了更加宽泛的内容，它需要从各种领域包括艺术设计、建筑、音乐、历史、文化、社会政治，甚至可以是自然和生活方式中汲取灵感，发挥创造力和创新力来实现一个新设计或者新系列的概念和主题。

作为一名服装设计师，需要不停地游走在发掘灵感的路上，寻找创新的动力，创作出最原汁原味又符合市场需求的作品。

本章将以二维和三维形式来讨论服装调研和服装速写的最基本原理，作为创造过程中最必不可少的一部分，其内容涵盖以下几个部分：

· 调研来源——一手和二手资料的收集（通往灵感、创新和创造的路径）；

· 调研资料、速写本、数字化资源——去记录、捕捉和开发出概念化的思路和主题；

· 创意过程——概念化的思维与预想的主题产生碰撞；将你的调研思路以平面和立体的形式展现。

左页图：服装设计师艾娜 · 侯赛因作品，其女性化的丝绸服装设计灵感来自于历史和当代参考素材。

右图：凯旋门。设计的灵感可以来源于对历史建筑的观察研究，如图中的天花板就是典型的 18 世纪末浪漫的新古典主义风格。

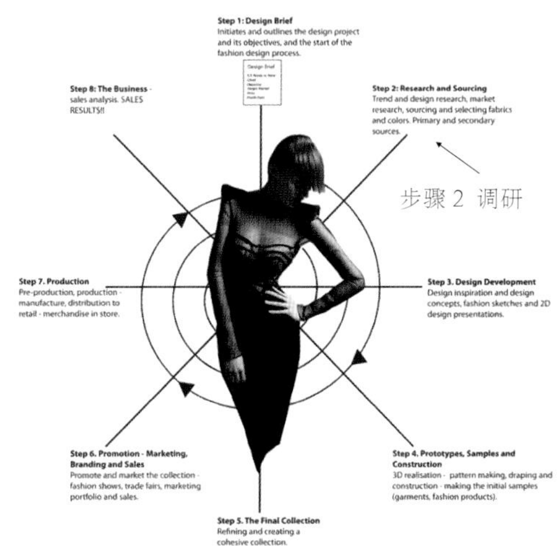
Step 1: Design Brief
Initiates and outlines the design project and its objectives, and the start of the fashion design process.
Design Brief
Step 2: Research and Sourcing
Trend and design research, market research, sourcing and selecting fabrics and colors. Primary and secondary sources.
步骤 2 调研
Step 3. Design Development
Design inspiration and design concepts, fashion sketches and 2D design presentations.
Step 4. Prototypes, Samples and Construction
3D realisation - pattern making, draping and construction - making the initial samples (garments, fashion products).
Step 5. The Final Collection
Refining and creating a cohesive collection.
Step 6. Promotion - Marketing, Branding and Sales
Promote and market the collection - fashion shows, trade fairs, marketing portfolio and sales.
Step 7. Production
Pre-production, production - manufacture, distribution to retail - merchandise in store.
Step 8: The Business - sales analysis. SALES RESULTS!!

图 2.1 服装设计流程（见第 11 页）

1. 调研的来源——一手和二手资料

尽管几乎一切事物都可以为设计概念激发灵感——一块面料、一个装饰物、一个缪斯（时尚偶像：摇滚明星、设计师、演员），但作为设计调研的部分，你需要从一手和二手资料中进行探索和拓展。

在整个设计开发阶段，你可以充分利用调研过程中收集的信息和想法，融合个人的艺术视角和创新思维，形成独树一帜的个人设计风格（请参阅设计开发和设计概要章节）。

一手资料：主要都是个人收集的第一手资源，可以通过采访、速写、拍照或者样品收集来发掘。对一手资料的调研包括以下途径：

零售店（店铺和橱窗展示）——采集流行趋势；进行市场调查和店铺分析；调研店铺内有哪些设计，销售的是什么产品，更重要的是，哪些东西店里没有卖的！

跳蚤市场、古董店、慈善商店——在每个时尚之都都能发现这些地方：伦敦的波多贝罗集市、纽约的布鲁克林和格林威治村庄、巴黎的克里昂库跳蚤市场都非常知名。

时装秀和贸易展销会——这些地方你可以亲自参观和研究。

博物馆、艺术画廊、图书馆和展览会——历史和当代艺术的参考和借鉴；时装周；希腊和罗马艺术作品；艺术家和油画家（高更、莫奈、蒙德里安）等。

旅行和活动——不同文化（亚洲、地中海、波西米亚）所激发的理解和观察；每天街边发生的事情；某个事件或者派对引发的思考等。

图片从左至右，一手资源的调研灵感。

左图：孟菲斯家具，卡尔顿橱柜，艾尔托·索托斯 1981 年设计；孟菲斯是一个源于意大利的年轻的家具和产品设计师团队，由艾尔托·索托斯领导。照片是在博物馆的调研过程中拍摄的。

中图：超现实主义灵感的雕塑，摄于巴黎购物途中。灵感与调研，法国雕塑家妮基·桑法勒。

右图：伦敦皇家艺术学院（RCA）学生的设计项目和工作区域。设计灵感涵盖了建筑和结构学并参考了时装秀。这件连衣裙的设计清晰地展现了目前正进行的调研风格。

自然和日常物品——以有形的事物为灵感，诸如大自然中原始的贝壳、花朵、羽毛，或者日常物品如玻璃、镜子等。

建筑——古根海姆博物馆（毕尔巴鄂，西班牙），Gherkin 大厦，俗称小黄瓜（伦敦，英国）；北京国家体育场（北京，中国）；安东尼奥·高迪的建筑设计作品（西班牙建筑设计师）；英国时装设计奇才候塞因·卡拉扬和日本时装设计掌门人山本耀司的设计中可以明显看出建筑元素的影响。

材料——纹理、表面、面料和辅料（纽扣、珠子、花边）。

艺术和媒体——戏院、歌剧、舞蹈、芭蕾、胶片（电影、电视）、音乐。

新技术——面料、图案、色彩、制造业甚至是科学方面的新动态。

二手资料：这些发现都是通过他人的调研分析信息和数据中获取而来。比如公开的趋势调研报告、书籍、杂志、电视或者网络分享的信息资源等。

本页图：调研灵感直接来自一手资料。
下图：伦敦市政厅，建筑设计师诺曼·福斯特设计。
右上图：运水工，伊斯坦布尔，安赫莉卡·佩恩拍摄。

右中图：巴黎地铁 Pigalle。Pigalle 得名于雕塑家让－巴布蒂斯特·皮卡里（1714–1785）。这个地方是巴黎曾经非常有名的红灯区，充斥着漂亮的地标设计、滑稽的剧院与资产阶级建筑、妓女、艺术家，著名的红磨坊歌舞厅也在这个地方。如今，这里已经演变成顶尖设计师、演员和模特最热门、最时髦的地方。
右下图：英国维多利亚阿伯特博物馆（V&A）。这个 11 米高，由著名玻璃雕塑家戴尔·奇胡利吹制而成的枝形吊灯，在主入口处的圆形大厅里是一个非常醒目的焦点。

定义：概念化的思维通常也被称为为横向思维（引自爱德华·德·波诺）或者是以“非常规”的方式思考，这是一个打破常规思维或约束来解决问题的思考过程。作为服装设计创意过程的一部分，它意味着要以一种开放的态度去拓展各种创新思路，激发新的理念和解决方法。

2. 调研资料、速写本、数字化资源

创意性的工作是一个有机的、水到渠成的过程。很多设计师都会随手携带一支笔和一个速写本，只要有想法就会将其勾勒出来。这就意味着，即使一个季节的系列已经确定了，或者开始了一个新的速写本，但整个过程也是一个修改编辑的过程。

在你开始调研和开发概念和设计的时候，逻辑化地将所有信息综合汇编在一起以便于快速检索，这一点非常重要。实体和数字化的形式有以下几种：

· 调研资料文件夹、速写本；

· 数码照相机、便携式照相机、Iphone、Ipad 等。

这些资源都是捕捉和存储设计调研成果必不可少的工具，它们将成为你的视觉信息数据库，是你设计项目中非常宝贵的信息资源。

调研资料文件夹（也叫设计资料文件夹、剪辑文件、杂志剪报或者参考资料）：用来储备资料信息，拼贴杂志剪报、样张、照片和面料小样。

速写本（也叫日志、视觉日记、笔记本或者草图随笔集）：用来存档和开发概念思维和理念。速写本是快速写生、激发设计构思和创造性思维的必备工具。你也可以通过在一张纸上贴上面料小样或者辅料或者小的杂志剪报来实现速写的效果。

注意：作为专业设计概要的组成部分，速写本定会为你最终的展示工作增添一分光彩。它验证了你的创造过程和设计流程（概念思维、快速的构图技巧以及对色彩和面料的敏感度）。

图从左至右出自：乔纳森·凯尔·法梅尔（设计师和帕森斯设计学院副教授）。
一本旧日记——用于快速速写非常适合。
速写本上的几页（方格纸，彩色纸）——“非常规”思维。
创意思维和概念化想法，对廓型、造型和剪纸进行试验。

速写本的类型

速写本随处可见，各种开本、档次、颜色以及各种装订方式，当然用途也各不相同：

· 口袋大小的速写本非常便于快速记录想法和缩略图草图。总是随身携带一本小速写本可以快速捕捉参考素材和创意。特别是在逛店铺、参观博物馆和艺术展馆的时候，总是会捕捉到一些东西激发你的灵感火花——而这是很难靠记忆来全部实现的。

· 较大的速写本（A4 的开本或者更大）更便于开拓设计想法和概念，对于以草图的形式记录整个设计进展也非常有帮助（参阅设计开发章节）。

· 甚至是一本旧的日记或者二手书也都可以用来勾画你随时产生的创意。

数字化资源

数字影像资料需要逻辑化归档（按照建筑、色彩、面料等进行分类）以便于快速查询。利用这些资源可以充分发掘创新的想法，还可以提高你的时装画和表达技巧。

数字化捕捉设备包括以下几种：

· 数码相机和手机相机：都是非常优越的工具，随时随地帮助你快速捕捉激发灵感的图片，就好像你随身带的小速写本一样，你需要经常携带某种类型的数字设备帮助你随记。

· 扫描仪：这个工具可以帮助你扫描面料、辅料、艺术作品、视觉图像等。通过图片扫描，你通常可以获得比照相更加干净、清晰的图像。

在线下载图片

网络上那些无需版权使用费和版税的图片都可以利用，做一个背景，或者作为一块面料设计的出发点，一个演示文稿的起点等。通常这些图片的分辨率都很低，如果你需要放大或者在一本书或者杂志里使用时，图片可能太模糊了。

数字绘图

随着科技的发展，新的数字绘图技术总是层出不穷。绘图板（也可以称作数字板、画图 / 手写板、图形输入板）和触控板都是在电脑上绘图的可选设备。设计师可以在平板或显示器上画图（苹果公司的平板电脑，Wacom 手绘板可能是当下最知名的品牌，还有苹果笔记本电脑 Macbook 上的触控板绘图应用）。这种类型的绘图是一个选择，仍需要不断实践，它本身的局限性很多，所以很多人更愿意选择笔来绘制。

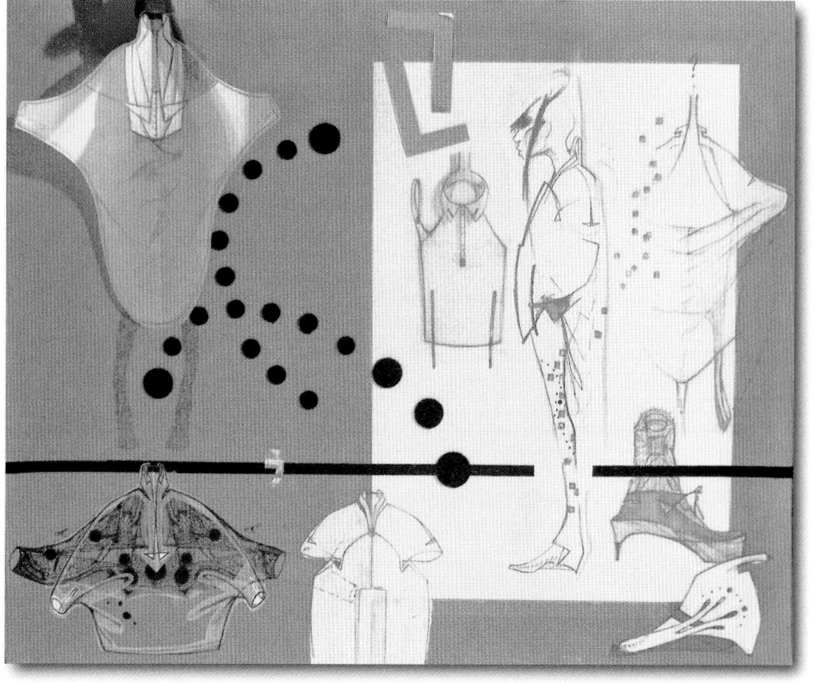

3. 创意过程

作为创意过程的组成部分，这部分介绍了概念思维的开发过程。

在这个过程中，设计师们已经开始了设计调研，运用不同的资源、各种各样的材料和媒介，创新性地开始了创造，并对二维和三维的形式进行试验。

在服装领域里，设计团队经常会做一些头脑风暴的活动，充分展现各种思维和想法，形成一个思维导图，然后在这个思维导图的基础上，对设计概要中的每一个方面进行各个击破。

上图：出自时装画家琼·欧珀曼。作为一名服装设计师，对身体的外形、活动方式以及对面料／服装在形体上的悬垂方式的理解至关重要。因此对一个真实的模特进行观察然后勾绘出其形体也成为创意过程中非常重要的一部分。同时还有助于时装画技巧的练习——特别是在创作草图和服装系列展示的时候非常有帮助（参见设计开发和设计展示章节）。

下图从左至右：服装设计师凯瑟琳·霍普金斯和杰西卡·哈雷的作品。探索肌理和表面设计的创意与想法。

凯瑟琳·霍普金斯：探索“印度”主题的创意，利用了蕾丝、花朵和淡雅的色彩为灵感。

凯瑟琳·霍普金斯：将“印度”这个主题运用到面料设计中（利用化学的方法进行处理）。利用金银丝线将丝绸面料与薄纱／网眼布固定在一起并打结，就如同扎染的方法一样，然后进行漂白，经过一段时间之后，丝绸面料就会融化到金银丝线的“蜘蛛”网中。

杰西卡·哈雷：利用随处可见的辅料——背带裤扣、纽扣、编织物、线、带扣、丝带等进行缝制和装饰。

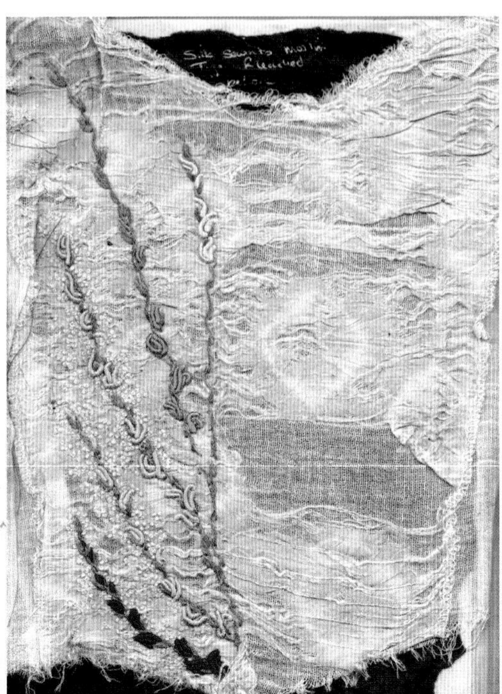

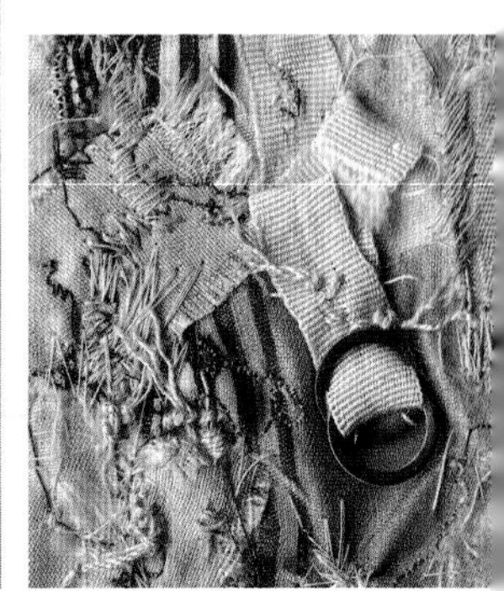

立体裁剪／造型设计：这个工艺是利用人台来实现设计的过程。这是设计服装的一种创意方式，通过对面料进行塑型，并采用折叠、缩褶、褶裥、裁剪、剪口和别针固定的方式将面料塑造成想要的造型，对廓型、线条、肌理以及形式进行试验（参见设计工作室章节）。

日本服装设计师川久保玲、三宅一生、山本耀司以及五十川明都曾从立体裁剪中汲取灵感。他们的作品都是以自己特有的方式重塑女性形体但又不乏女性气息。他们融合了东西方文化，一方面从现有的日本设计中获取灵感，另一方面又运用扭结、折叠、缝制等复杂的方法发掘东方传统技术理念，然后运用西方的革新技术重新诠释出来。

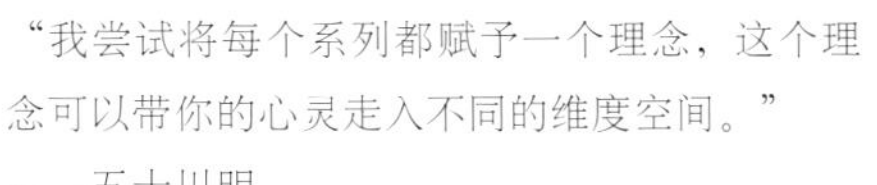
“我尝试将每个系列都赋予一个理念，这个理念可以带你的心灵走入不同的维度空间。”
——五十川明

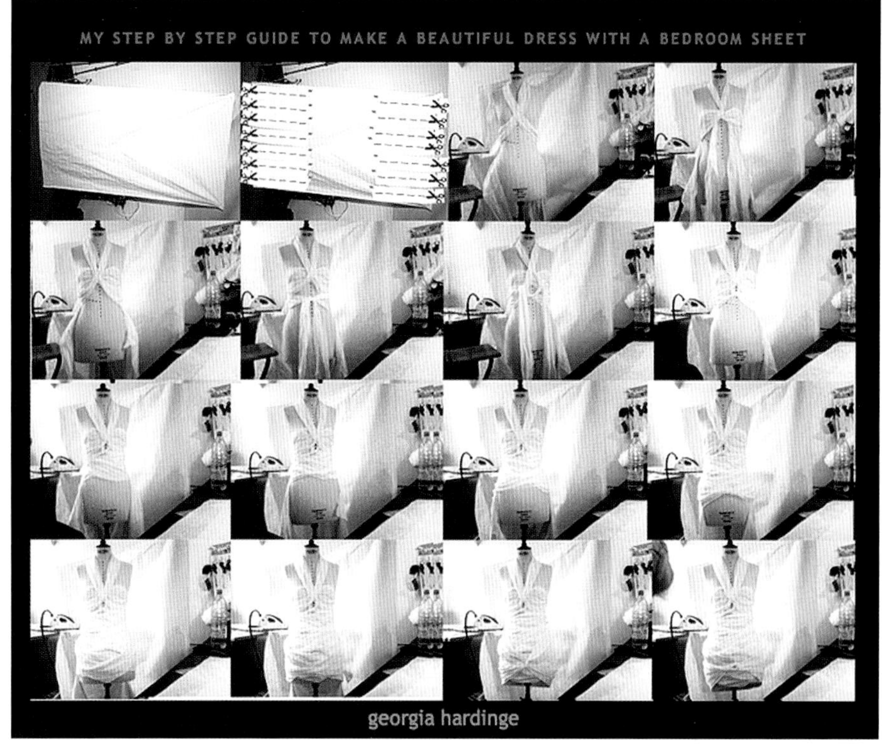

MY STEP BY STEP GUIDE TO MAKE A BEAUTIFUL DRESS WITH A BEDROOM SHEET
georgia hardinge

上图：成衣设计师乔治娅·赫德莱恩作品。利用一块素洁的白色棉布，乔治娅就可以在一个人台上塑造出一件礼服。“我总是对艺术和雕塑充满好奇，时装可以成为一种表达方式，它已经成为我的媒介，我可以在它身上重新塑造我自己特有的结构形式。我最热衷的就是挑战我自己，做出创新又实用的东西。”

更多的内容，请参考《美国时装画技法完全教程》中绘画工具、速写本和写生的章节。

感谢保罗·莱德和北京清华大学时装学院提供图片：利用纸、面料和回收的服装在人台上塑造创意版型和探索性造型（参见板房章节）。

第三章

服装历史与文化

“时尚不是只存在于服装中。时尚存于天空中，街道上，也指的是一种理念，一种生活方式，以及一切正在发生的事情。”

——可可·夏奈尔

当服装设计师开始他们下一个系列时，经常寻找下一个新的时装流行趋势以及下一波潮流。作为设计调研与开发的一部分，设计师不仅应注意到最新的时尚款式，也应能够识别其所蕴含的历史与文化背景。

在每个流行时期，服装的廓型与款式受到不同因素的影响，包括文化、政治与经济方面的变化；技术与工业方面的发展；流行音乐、电影、艺术与建筑的风格；以及消费者的需求与意愿。

这一章将强调一些时尚历史演变与文化变革过程中的关键阶段。它将帮助读者更好地意识到服装样板、文化（亚文化、流行文化）与社会方面之间的关系，无论是过去还是现在。它也鼓励读者建立一个创意性的研究数据库与图书馆，从而拓展你的概念思维和创意，设计出自己风格的服装系列。调研之前的流行变化，将有助于未来的设计。

左页图：时装画家兼服装设计师娜塔莎·戈德梅恩作品。通过对 20 世纪 60 年代历史的观察与分析，并以此为依据，为当代的服装效果图提供了灵感。

右图：服装设计师琳达·洛根作品。当代风格的服装廓型体现了如何通过造型与形式强调身体的各个不同部位。

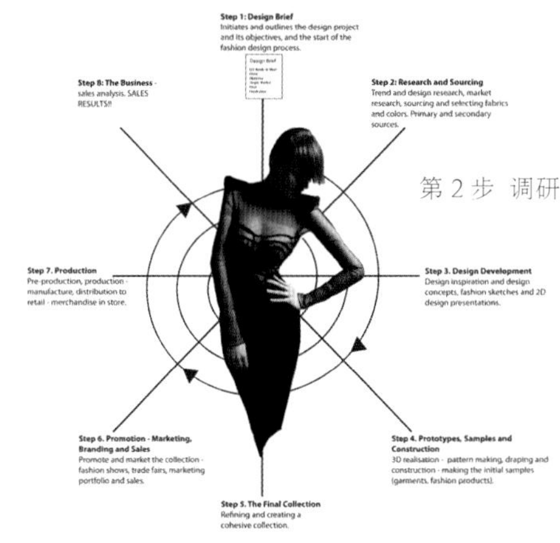

Step 1: Design Brief
Initiates and outlines the design project and its objectives, and the start of the fashion design process.
Step 2: Research and Sourcing
Trend and design research, market research, sourcing and selecting fabrics and colors. Primary and secondary sources.
第 2 步 调研
Step 3. Design Development
Design inspiration and design concepts, fashion sketches and 2D design presentations.
Step 4. Prototypes, Samples and Construction
3D realisation - pattern making, draping and construction - making the initial samples (garments, fashion products).
Step 5. The Final Collection
Refining and creating a cohesive collection.
Step 6. Promotion - Marketing, Branding and Sales
Promote and market the collection - fashion shows, trade fairs, marketing portfolio and sales.
Step 7. Production
Pre-production, production - manufacture, distribution to retail - merchandise in store.
Step 8: The Business - sales analysis. SALES RESULTS!!

图 3.1 服装设计过程（第 2 步 调研）

流行周期：历史上流行是季节性的，它以周期性变化：今朝流行，明日过时，但是 10 年或 20 年“修正”之后又会成为“最热”的流行趋势。所有的服装设计师，朱利安 · 麦克唐纳德、缪西娅 · 普拉达、马克 · 雅可布和约翰 · 加里阿诺等，在设计他们的创意系列时，都参考了历史与文化的素材。他们的策略是将各种创意糅杂，提取某一个时期的细节与另一个时期相结合，或是取自于最新的街头或狂热的时尚，创作出他们的系列作品，以此形成独具自我风格的标识性设计，独一无二，与他们的品牌完美融合。最重要的是，有些东西会吸引已有的或是潜在的客户。

电影：大量的历史题材电影与电视剧、非主流电影与音乐视频，可以提供视觉上的参考与调研价值。如《伊丽莎白女王》（凯特 · 布兰切特主演）、《赎罪》（凯拉 · 奈特利主演）、《周末狂热》（约翰 · 特拉沃尔塔主演）、《低俗小说》（乌玛 · 瑟曼主演）以及《洛基恐怖舞会》（蒂姆 · 克里主演）。

具有时代特点的服装：在博物馆、私人收藏品、美术馆、展览馆、复古店，甚至旧货店、慈善商店中，我们可以找到很多历史服装的实物。维多利亚阿伯特博物馆、伦敦时装学院以及美国的纽约时装学院的博物馆，都以丰富的研究资料而闻名。当然，网络也可以提供许多历史参考素材。

左图：时装画家莎拉 · 比森作品。绘制的英国流行文化偶像派创作型歌手、摇滚明星、甚至是服装设计师艾米 · 怀恩豪斯，艾米使得“slut-chic”一词在21世纪的头十年风靡一时。她的独特风格，尤其是其“高到极致的头发”具有 18 世纪的复古风格，成为许多服装设计师们的灵感缪斯，如卡尔 · 拉格菲尔德。
右图：出自时装画家戴尔 · 麦卡锡作品。在 18 世纪，发型与假发都非常高——它们是如此之高，甚至可以在其中放入装饰物，可以塞下小鸟！化妆舞会在宫廷中也非常流行。时装画绘制的是玛丽 · 安托瓦内特（1775–1793），法国王后，在当时为时尚偶像。这幅时装画根据同名电影中她的形象而绘制，电影由克斯汀 · 邓斯特主演。

服装与时尚

服装在不断地演变着，从最初的保护身体、遮羞蔽体开始，到装饰人体再到强调性别与人体的吸引力。渐渐的，服装开始成为一种表达社会地位的方式 ，在社会与生活方式中区分职业与不同的群体。在 19 世纪之前，甚至有更严格的着装规范，通过规定穿着不同类型的服装，来进一步强调社会地位的不同。

19 世纪的时间轴（1800–1900）：
1790–1820 执政内阁时期与帝国时期
1820–1850 浪漫主义时期
1850–1869 裙撑时期
1870–1900 巴斯尔时期与 90 年代

20 世纪前与高级定制的开始

在 1850 年前，富人阶层有他们自己的裁缝师和缝纫工，可以根据他们的个人设计需求量身定做服装。同时，迫于经济条件的不宽裕，每一个中下层阶级家庭的妇女也学着为她们自己以及家人缝制和制作服装。

查尔斯·弗雷德里克·沃斯：1825–1895，设计师。她早年在伦敦的一家面料店工作，接着去了一家男装店做学徒。1845 年，沃斯搬到了巴黎。自此之后，沃斯一直从事服装行业，1958 年，沃斯与商人奥特·保贝尔格开设了他自己的服装店。他用奢华的面料创造自己的设计作品与系列，提供给贵族、社交名媛以及“半上流社会的女人”（处于上流社会边缘的女人，由富裕的情人提供经济支持）。他在整个欧洲与美国都获得了认可。作为一个有天分的设计师，他将制衣推向了一个新的层次，即高级定制，永久地改变了服装业。

左图：出自时装画家詹尼·沃尔夫。从 19 世纪中期开始，设计出了时尚的紧身胸衣、衬裙、裙撑（内衣），以及之后的窄底裙、妇女紧身衣，用来增强女性的廓型，可单独设计，也可将它们嵌入服装内。从 20 世纪 80 年代末期开始，许多设计师在他们的设计作品中利用紧身衣作为外衣，但是会采用更舒服的面料与结构设计方法。

中图与右图：出自时装画家皮特·曼尼（中图）和戴尔·麦卡锡（右图）。帝政式高腰线、低胸裁剪的服装在胸部抽褶，在法国拿破仑一世王朝时期由约瑟芬皇后引领流行。右图中所示为一件 1912 年的帝政风格的晚礼服，由凯特·温斯莱特在电影《泰坦尼克号》中穿着。

历史时间轴 - 主要时期与事件

20 世纪前及高级定制的起源	女性角色的转变	蓬勃的 20 年代	危机时代	新风貌与青年文化	摇摆的 60 年代，嬉皮与朋克	后现代主义	世纪末	新千年伊始
20 世纪前	1900-1919	1920-1929	1930-1945	1946-1959	1960-1979	1980-1989	1990-1999	2000-2010

1900-1919——女性角色的转变

在这个时期，纽约、伦敦以及其他城市富有的女性经常会去巴黎的设计师沙龙，为自己的衣橱增添新品；女性角色发生了变化，她们开始参与到政治、体育运动中，以及去大学学习。零售业开始发展，尽管许多女性仍然在照顾家庭，但是她们已经在商店、工厂中找到了工作。

廓型与爱德华七世时期的服装样式： 1901-1910，高领的、长袖的外套，紧身合体、并用紧身胸衣形成细腰，丰满的胸部，突起饱满的臀部，S 形曲线。裙撑使得服装体量（后部）增加，裙长及脚踝。巨大的帽子，用羽毛或小花朵等进行装饰。

保罗·波烈： 1897-1944，设计师，装饰艺术的先锋。波烈在东方主义文化中获取灵感（头巾、束腰外衣、灯笼裤、和服），将女性从紧身胸衣中解放出来。他同时也从加吉列夫和俄罗斯芭蕾舞团获取灵感。

更进一步调研： 插画师乔治·勒巴普、画家古斯塔夫·克林姆、设计师珍妮·朗万、设计师帕昆夫人、纺织品与服装设计师马瑞阿诺·佛坦尼、未来主义艺术运动、服装设计师莱昂·巴克斯特、鲁道夫·瓦伦蒂诺（默片时代的偶像）、《吉布森女孩》、窄底裙、灯笼裤、双排扣长礼服、护脚。

左上图与下图：时装画家戴尔·麦卡锡作品。上图：爱德华七世时期女士穿着的经典服装——来自于奥黛丽·赫本饰演的《窈窕淑女》。下图：受到保罗·波烈和马瑞阿诺·佛坦尼设计理念的影响，“S”造型替代为宽松上衣，女式裙装的束缚性降低，造型更加柔和，钉珠装饰手法开始出现。

右图：服装设计师克莱门茨·里贝罗伦敦时装周的春夏系列。在这些现代的服装款式中，可以找到可可·夏奈尔的历史参考素材——游艇主题、镀金的纽扣、无领编结装饰的开襟外套、略微中性风的外观。

1920-1929——蓬勃的 20 年代

战后欧洲：到 20 世纪 20 年代，第一次世界大战（1914-1918）已经极大地改变了人们的生活——经济上、社会上以及心理上。战争期间，女性开始从事男性的工作；到 1920 年，工作的女性占整体劳动力的 23%。在这个十年里，失业率开始逐步上升，这是因为人们希望能慵懒地享受生活，伴随着这种享乐的生活态度，新的乐观主义滋生，爵士乐时代出现——查尔斯顿女孩、小男孩与 Divas, 以及约瑟芬·贝克，娱乐业开始繁荣。这是一个扔掉束胸，劲舞到天明的时代。中性风格变得流行，女人们开始选择男性的造形与波波头，而男人们开始变得更女性化，更加注重他们的外表。

可可·夏奈尔：1883-1971，设计师，时尚偶像。她的设计甚至还影响着今天的流行趋势。她变革了女士的穿着方式，在整个 20 世纪 20 年代里，创造了一个又一个经典的时尚观念；她的设计风格简洁，却不失优雅。她一生的成就包括：让女人穿上了裤子、设计了航海裤（基于水手服钟型下摆的阔腿裤）、裤装睡衣，两件套花呢裙、珍珠项链、流行的小黑裙、服装饰物、镀金链条包以及现在仍然很经典的无领编结装饰的开襟外套。

格洛丽亚·斯旺森：1899-1983，美国电影女演员，时尚偶像，具有忧郁气质、让观众着迷的神秘女演员。

露易丝·布鲁克斯：1906-1985，美国电影女演员，时尚偶像，模特，爵士乐时代著名的个性女子，以她另类的波波头和男性造型闻名。

索尼娅·德洛奈：1884-1979，艺术家，涉足未来主义、时尚与纺织品——她以用色大胆、对比色的几何设计、未来主义设计、艺术和纺织而闻名。巴杜、夏帕瑞丽和其他 20 年代、30 年代的设计师都受到她设计的影响。

进一步调研：让·巴杜（设计师）、爱德华·莫林诺克斯（设计师）、“三人芭蕾”、花花公子、牛津包、钟型帽。

时装画家与设计师娜塔莎·戈德梅恩作品。20 世纪 20 年代的女士常常穿着较男性的服装（裤子、外套和套装）。可可·夏奈尔自己也会选择对传统的男装进行改良，呈现出一种中性化的、明显的标志性风格。时装画中阴郁的眼神让人联想到女演员玛琳·黛德丽。

左图：在 20 世纪 30 年代与 40 年代，女人开始回归女性化，常常顶着一头波浪卷发。贝雷帽在一战和二战期间都非常流行。烟熏装、贝雷帽与中性风开始流行，常常由时尚偶像如葛丽泰·嘉宝和玛琳·黛德丽引领而流行开来。如图所示，这些历史上的风格给现在高街服装设计师带来了灵感。图为 Top shop 品牌的冬季系列，伦敦。

1930-1945——危机时代

1929 年 10 月 24 日，星期四，纽约证券交易所崩盘（被称为黑色星期四）。这使得全球金融市场开始出现自由落体式下跌，并引发了一场全球经济危机。到 1932 年，全球有 3 千万失业人员。妇女解放的呼声开始倒退；她们希望回归家庭、做家务、养育孩子、照顾丈夫与家庭的需求。

战争时期（1939-1945）是一个即兴创作、充分利用资源、循环利用、定额配给券的时期。由于缺少尼龙袜子，女人们不得不利用茶、咖啡或“腿部染料”将腿染成棕色，用眉笔在上面画出缝份线。

廓型与款式：时尚仍然主要由巴黎引领。20 世纪 20 年代的男孩气的、瘦削的身材开始不再流行；女性化、曲线、流线型、强调腰身开始回归。女性裙长在 30 年代较长，但在战争期间较短，有相关的规章制度，以节省面料。短直的波波头开始变成长波浪发型。

时尚偶像：在 20 世纪 20 年代末期，默片电影开始变成“有声电影”，里面的女演员作为时尚偶像会产生更大的影响力。

女演员：珍·哈露，好莱坞爆炸式金发造型的首创，一位有着“金发花瓶”的时尚偶像，身着鹳毛、白色缎子、闪闪发光的银卢勒克斯织物以及钻石项链。其他的时尚偶像还包括：塔卢拉赫·班克黑德、玛琳·黛德丽、葛丽泰·嘉宝、珍·哈露、凯瑟琳·赫本和金吉·罗杰斯。

艾尔莎·夏帕瑞丽：1890-1973，设计师。受立体主义与超现实主义影响，她的设计常常狂野古怪——结合传统，她在设计中创造出新的可能性，如通过一些错位。夏帕瑞丽的“鞋帽”是她的经典风格；她用超现实柔术的方法，将脚放在头上。

进一步调研：克里斯托巴尔·巴黎世界、格蕾丝夫人、玛德琳·薇欧奈、莲娜丽姿、诺曼·哈特奈尔、萨尔瓦多·达利（超现实主义画家）、克里斯汀·伯纳德（画家、设计师、插画师）、让·科克托（诗人、小说家、演员、电影导演和画家）、克拉克·盖博。

左图：女帽设计大师斯蒂芬·琼斯伦敦时装周的“快乐主义展览”，展示了新兴英国冒饰设计师的帽子作品。该展览由斯蒂芬·琼斯策展，每名设计师展示 5 件高级定制作品。

右图：女帽设计师、时装画家兼企业家皮尔斯·阿特金森在伦敦时装周展示他创作设计的帽子。

右图：这个时期女士头巾开始流行，系在下巴下面；夏奈尔设计了链条包；高圆顶帽让人联想到伦敦的商务人士（19 世末期，女士与男士骑马打猎时的装扮）。在 50 年代，克里斯汀·迪奥设计了收腰茄克。如图所示，这些历史上的参考素材被当代的高街服装设计师们进行重新改造。图为 Top Shop 品牌冬季系列，伦敦。

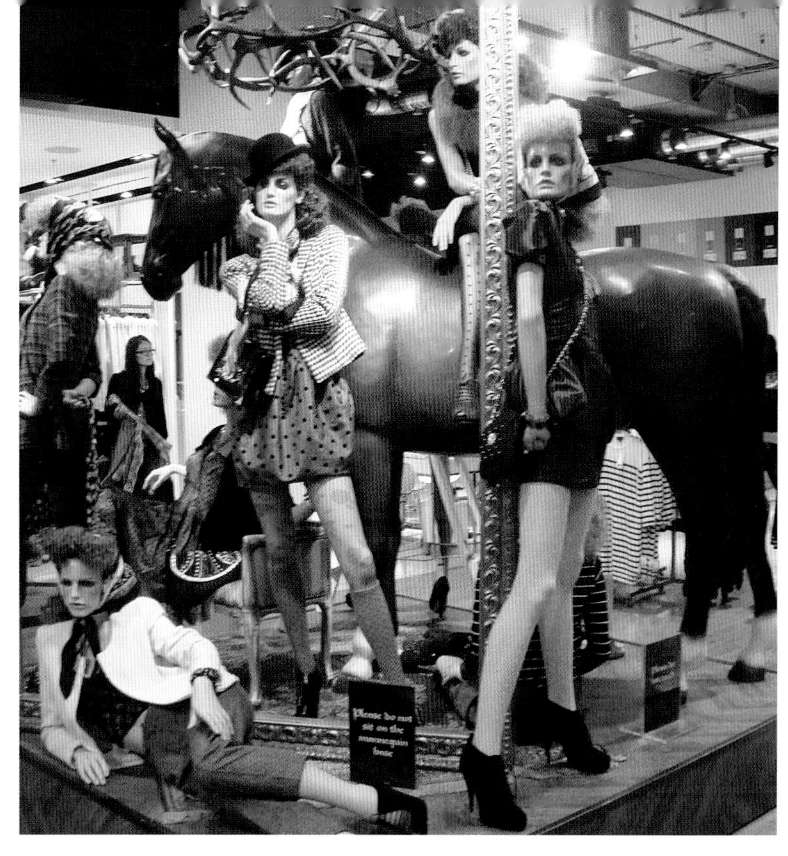

1946–1959 ——新风貌与青年文化

战后物资紧缩导致了许多国家开始定量配给，并且因为面料的短缺，服装的廓型仍然比较瘦削。直到克里斯汀·迪奥（1905–1957）的出现，引领了一个服装的新时代、一个奢侈的时代。作为一名新兴的高级定制服装设计师，他的作品呈现出魅力四射、奢华高贵的风格，收腰伞裙，在小腿下形成漩涡状（他的设计需要很多面料）。其 1947 年的系列立即被媒体称为“新风貌”，一夜成名，席卷了整个西方世界。

在战后的 20 世纪 50 年代，美式的生活方式被处处模仿——每个家庭都有冰箱或洗衣机。美国经济开始繁荣，有更多额外的钱用于服装。富裕阶层的女士开始穿着高级定制时装，中产阶级也自己制作她们的服装，成衣变得更加流行。

格蕾丝·凯丽：1929–1982，美国女演员，时尚偶像及王妃。这个荧幕上的王妃成为一名真正的摩纳哥王妃。在她去世后，爱马仕以凯丽的名字命名了手包。

奥黛丽·赫本：1929–1993，女演员，时尚偶像，凭借其苗条优雅的外表备受欢迎。最著名的电影有《龙凤配》（1954）、《蒂凡尼的早餐》（1961）、《窈窕淑女》（1964）。

性感女神：50 年代的许多年轻女演员在屏幕上更加自信，与之前时代相比，她们更直白地展示出性感的一面——她们开始成为电影中的性感女神，如玛丽莲·梦露、索菲娅·罗兰、碧姬·芭铎。接着出现了芭比（玩具），出现于 1959 年，有着一成不变的夸张体形——丰胸、细腰与长腿。芭比一直在世界各地广泛流行。

青年文化：20 世纪 50 年代的年轻人开始反抗他们长辈们的资产阶段价值观。从摇滚乐偶像埃维斯·普里斯利、小理查德、查克·贝里，到电影偶像詹姆斯·迪恩和马龙·白兰度，都深刻影响了美国的音乐与时尚。牛仔服装开始由工作服变成最新的流行趋势。

进一步调研：服装设计师诺曼·哈特奈尔、皮尔·巴曼、雅克·格里夫、让·德塞；戏剧服装设计师伊迪丝·海德、艾德里安；萨维尔街；“男阿飞”；A 廓型、筒型以及 Y 型、袖肘长的手套；50 年代的魅惑、珍珠等。

时装画家吉恩·沃尔夫作品：在这个时期，许多女演员开始成为时尚偶像和性感女神。历史总是反复循环的，当代许多女名人也同样如此，循环往复。这张时装画描绘的是当代的时尚偶像与“性感女神”斯嘉丽·约翰逊。

上图：时装画家兼设计师娜塔莎·戈德梅恩作品。摇摆的60年代，卡尔纳比街风格是标准的现代绅士，有天鹅绒和荷叶边的华丽装束。而下图则与之对比，为70年代中期的朋克摇滚街头文化。这张时装画表达了朋克思想的捍卫者反正统和反资本主义的态度。

1960–1979——摇摆的60年代，嬉皮与朋克

20世纪60年代的时尚开始变得更加大众化，任何收入阶层的人都可以承受——穿着时髦的人越来越多，尤其是年轻人。原因如下：在美国和欧洲等国家，随着与低收入国家国际贸易的发展，实现了批量生产与运输；拥有电视的人数越来越多，他们走进影院；商店、精品店和邮购也大量增长。高级定制时装的需求虽然仍然强劲，但利润率下滑，大多数时装公司开始推出成衣系列产品。

60年代早期，呈现的是摇摆的60年代、萨维尔街及披头士。流行的“钟摆”又回到了瘦削的体形，如崔姬，一个瘦骨嶙峋的15岁英国模特，却名扬四海。女人的发型从蜂窝状、假发以及大量使用发胶，转变成短的、革命性的沙宣“五点式”发型、波波头或契形——由维达·沙宣推广开来；同时，男人的头发开始留长。60年代末，随着越战的爆发和唯物主义的兴起，自美国西海岸兴起一种年轻人的“反文化”运动，他们传递的是和平的信息，“要爱情不要战争”。他们开始信奉东方文化与着装，新嬉皮士风貌及“权利归花运动”（Flower Power）兴起；翩翩印花长裙和“乡村风”的衬衫、男式印花衬衫、牛仔服装以及男女都留长发。70年代的时尚变得更加柔和，如粗花呢、柔和的印花、针织或经编的手工风格的围巾和帽子，拼布长裙，乡村半裙。

玛丽·奎恩特：1934–，设计师。她的设计成为英国年轻人时尚的缩影。她的设计价格低、样式前卫，正是因为她，迷你裙、彩色裤袜、紧身罗纹毛衣、低腰潮人腰带和PVC才变得流行。

安德烈·库雷热：1923–，设计师。由于对结构的关注，他的设计结构感极强，体现出功能性、整洁的未来主义风格。他以“太空时代”风格的设计师而闻名，从字面上也反映出他对太空探索的兴趣，尤其是美国在这方面的成就。女长裤套装、三角裙、女式紧身连衣裤、透明面料、镂空连衣裙、库雷热靴子、鲜明的颜色、白色与银色，所有这些都是他标志性风格的一部分。

薇薇安·韦斯特伍德：1941–，设计师。当代最具影响力的设计师之一。在60年代末期，她与马肯·麦克拉兰在伦敦的国王大道上开了第一家店；它代表了一种无政府主义的青年文化。朋克，源于青年崇拜文化、街头时尚和音乐，70年代中期，在韦斯特伍德、麦克拉兰以及“性手枪”（朋克摇滚乐队）的带领下变成了一种主流的时尚趋势。直筒裤，印着无政府主义口号的皮茄克，安全别针扣在撕裂的T恤衫上，红色、粉色、绿色和橙色挑染的发色，莫希干风格的发型——这些朋克风格的特征，在后来被20世纪80年代的成衣设计师所采用。

进一步调研：伊夫·圣·洛朗，奥希·克拉克，桑德拉·罗德斯，比尔·吉布，碧玛，罗兰·爱思，皮尔·卡丹，安迪·沃霍尔（波普艺术家），理查德·阿威顿（摄影师），皇家艺术学院，时尚偶像杰奎琳·肯尼迪（美国第一夫人）和劳伦·赫顿（模特），汤姆·沃尔夫的书《令人振奋的兴奋剂实验》，伍德斯托克音乐节，低腰裤，透明外观，帐篷式女裙，热裤，女衫裤套装，连身衣，松糕鞋。

1980–1989——后现代主义

在这 10 年里，女性“强人装”开始成为重要的时尚风貌，这在一定程度上受到两部电视剧的影响：《达拉斯》与《豪门恩怨》。完成大学教育的西方女性数量增多，开始进入管理层，这源于避孕药（于60年代中期推出）让妇女们得到了解放。长发、裁剪精致的垫肩西装和高跟鞋给女性们带来“女超人”的自信，使她们在工作、家庭中游刃有余。

时尚在这个时候完全国际化；法国的高级定制时装不再占据统治地位，因为英国、意大利和德国的时尚业也成功地占领了全球市场；美国提供了新潮的休闲经典风，日本的先锋设计师大举进军时尚界。

时尚偶像：麦当娜，1960– ，摇滚歌手。她放荡不羁，装束多变；她像玛丽莲·梦露再生，身着黄铜色漂白过的朋克风皮衣，在1996年的电影《贝隆夫人》中担任主演。麦当娜是真正意义上的后现代主义女性偶像，她以内衣外穿而闻名。

让·保罗·高提耶：1952–，设计师。作为一名有开创性想法的设计师，他对时尚与成衣有着突出的贡献。他将胸衣设计成为外衣，其中最著名的是在 80 年代末 90 年代初，为麦当娜的巡回演出设计具有挑逗性的锥形罩杯的紧身胸衣。在 20 多年后的 2010 年春夏系列中，他又让其臭名昭著的锥形胸衣复活了。

戴安娜，威尔士王妃：1961–1997。80 年代的灰姑娘王妃，为全世界所爱戴，被称为“人民的王妃”和人们心中的“红心王后”。她身着精致优雅的长裙、权利套装以及高级定制的晚装，从“羞涩的戴”变成了超级自信的时尚偶像。离婚后，她成为一个充满爱心与乐于分享的新时代王妃，身着粗斜纹裤装以及白色衬衫。狗仔队每天都监视着她的一举一动。

进一步调研：唐娜·凯伦、卡尔文·克莱恩、拉夫·劳伦、克里斯汀·拉克鲁瓦、蒂埃里·穆勒、卡尔·拉格菲尔德、乔治·阿玛尼、詹尼·范思哲、皮尔·卡丹、健身设备、运动服、蓬蓬裙。

右上图：时装画家戴尔·麦克阿瑟作品。在20世纪90年代的电影中，《爱德华剪刀手》的扮演者约翰尼·德普的戏服，如图所示，灵感可能源于高提耶的摇滚和薇薇安·韦斯特伍德的朋克作品。奥斯卡奖得主科琳·阿特伍德是这部电影的戏服设计师。

右下图：时装画家娜塔莎·戈德梅恩作品。20世纪80年代后，设计师让·保罗·高提耶、摇滚歌手麦当娜广泛地影响了时尚界，内衣外穿开始成为一种流行趋势。

上图：时装画家戴尔·麦克阿瑟作品。在90年代，从演员到歌手、模特的各种名人开始成为时尚偶像，对时尚的影响比以往任何时候都要大。如妮可·基德曼（女演员）和格温·史蒂芬妮（歌手）等。电影《红磨坊》，由妮可·基德曼饰演萨汀，里面的歌舞表演对时尚有直接的影响，成为许多设计师的灵感源泉。

下图：时装画家萨拉·彼特逊作品。在90年代，时尚使年龄、性别的界限模糊，在某种程度上，年轻人和老年人、女性和男性可以穿相同款式的服装，如休闲裤、跑步运动裤、T恤衫、运动衫等。

1990-1999——世纪末

环保开始成为流行的主题，如循环、复古风服装、二手 / 慈善商店。科技方面的发展使多媒体与通讯业产生巨大变化，也出现了科技音乐。一些新的合成纤维开始出现，如塑料包裹膜、乙烯基、聚四氟乙烯等，这也意味着服装塑型的方法增多。中国开始成为制造中心。

服装设计师们回顾历史，那是复古与科技的 10 年。他们对已有的造型与款式进行重新改造，对 20 世纪 50 年代、60 年代、70 年代以及安德烈 · 库雷热和皮尔 · 卡丹未来主义的设计进行重新演绎；甚至对 20 世纪 20 年代的设计进行改造。但是设计常常会进行新的处理，采用新的面料、图案和色彩。时尚周期之间的间隔越来越短。着装要求变低；看戏、听歌剧和外出吃饭时不用再盛装打扮，牛仔裤和紧身裤也可以在许多工作场合穿着。运动服市场开始繁荣，与更正式的着装开始混搭，如品牌运动鞋与商务裤装的搭配。

“设计师”品牌的重要性加强，且不仅仅为富人阶级所服务，而是针对了各个收入阶层与年龄的人士，随之兴起的是消费者保护主义。设计师的名字出现在服装和产品的外面，在 T 恤上用徽章标示，广告的一切都是关乎产品。

“垃圾摇滚”：源于街头文化。它提出反消费、反装饰和反时尚的声明，撼动已有价值观。由二手商店的服装、混搭、撕裂服装和解构中进化而来。和所有的街头文化一样，“垃圾摇滚”也是从年轻人开始到摇滚乐队，再到时尚 T 台开始蔓延——它从次文化变成大众文化。马克 · 雅可布以“不羁之王”命名了他 1992 年为派瑞 · 艾力斯品牌设计的激进系列作品。

让 · 保罗 · 高提耶、薇薇安 · 韦斯特伍德：利用设计中的创新性，继续打破设计的边界（2006 年，薇薇安被尊称为“时尚教母”，这是对她个人价值的肯定）。

克劳迪娅 · 希弗、辛迪 · 克劳馥、琳达 · 伊万格丽斯塔、娜奥米 · 坎贝尔、凯特 · 摩丝和克莉丝蒂 · 杜灵顿，奠定了超级名模的地位。

进一步调研：缪西娅 · 普拉达、杜嘉 · 班纳、卡尔文 · 克莱恩、克里斯汀 · 拉克鲁瓦、卡尔 · 拉格斐、吉尔 · 桑达、川久保玲、古奇、安 · 迪穆拉米斯特、德赖斯 · 范诺顿、德克比利时服装、安特卫普艺术学院、雨果 · 波士、约翰 · 加里亚诺、 亚力山大 · 麦克奎恩、 斯特拉 · 麦卡特尼、迪奥 、纪梵希、克洛伊、毛线帽。

让·保罗·高提耶曾经说过：“性别模糊——几乎所有的服装男女都可以穿。服装本身没有性别。当今认为的女性化是过去的男性化特质，或者反之亦然。在我的整个职业生涯中，我试着让男女平等：女人可以穿着女人味的长裤套装，男人也可以非常阳刚地穿着裙子。”

2000–2010——新千年伊始

名人、设计师奢侈品牌、生活方式：这是这 10 年的特征，设计师品牌店和大卖场快速蔓延。为了利用中国、马来西亚、印度尼西亚等国家的低成本劳动力，西方国家关掉了自己的生产企业。这使得奢侈品和大批量生产产品更加惠及大众。

“购物疗法”：成为许多人的娱乐方式。国际上，各个收入水平的消费者保护主义的比例相对于之前来说都大幅增加。媒体、报纸和杂志，如《红秀》（*Grazia*），通过网络和博客、Facebook 和 YouTube 推动了此现象。

“狗仔队”：八卦的制造者，跟踪名人进行拍摄（崇拜或是其他目的）。名人代言增加。名人（演员、运动员、流行歌手）穿什么，尤其是在一些重大场合，如奥斯卡颁奖礼现场，常常成为下一季时尚的“必需品”。奢侈品牌和高街品牌零售商喜欢关注这些。邀请明星代言被证明是一个极富成效的市场策略。许多品牌请名人代言他们的商品，甚至设计一个服装系列（或至少在商标上用他们的名字）。例如，凯特·摩斯与 Topshop 品牌的合作。Topshop 接着与许多有名的设计师进行了合作，如克里斯托弗·凯恩、艾玛·库克、马克·法斯特、阿西施、理查·尼考尔。嘻哈艺术家和说唱艺人也设计了他们自己的服装系列产品，如“吹牛老爹”的肖恩·约翰服装品牌、Jay-Z、菲瑞和说唱歌手 DMX。

奢侈品市场：时尚产品趋于经济实惠，意味着消费者可以从头到脚穿设计师品牌产品，或是只购买 T 恤、鞋子、包、眼镜或香水等单品。当然，也有一些仿冒的设计师产品。

包包经济学：设计师品牌手包推动了时尚产业。尽管零售价格有很大的利润空间，但它们不只是卖给富裕阶层，也卖给所有收入阶层的人士——这是许多品牌存活下来的方式。

大众市场：普里马克或“Primani”（取自“阿玛尼”）和其他一些类似的高街零售商品牌采用廉价的面料、廉价的劳动力，大量炮制最时新的款式。消费者购买奢侈品（巴宝莉、夏奈尔、古奇、普拉达等），但也会选择与大众品牌产品（如 H&M、Mango 或 Topshop 的 T 恤衫）搭配。

青春永驻：所有人都希望通过穿衣方式、整容手术、使用“神奇”除皱霜、健身计划和私人教练等手段让自己青春永驻。健身和吃健康的食物，成为每天生活的一部分，从而导致了休闲服与运动服设计师的增多，科技革新带来了智能面料的发展，出现了根据人体需要可以保暖或凉爽的面料、可以呼吸的面料、快干面料、防汗面料、无臭面料等，从而可以做出更舒服的服装。

科技：Ipods 开始成为一种设计声明。随着说唱音乐文化的发展，穿名牌衣服与闪亮珠宝风靡流行。科技带给了我们 IPhone 和 ITune；下载与上传，信息在世界各地迅速蔓延。每个人都可以看到最新的东西，看到最新的流行趋势和生活方式，这也比之前更加快了时尚流行。

进一步调研：萨维尔街、毕尔巴鄂效应、古根海姆、路易·威登的贝壳包；阿贝克隆比 & 费奇、盖璞；时尚偶像：嘎嘎小姐、莉莉·艾伦、蒂塔·万提斯、独立摇滚乐队。

上图：时装画家简·沃尔夫作品。阿格妮丝·迪恩，新千年的超模，以她的帽子（圆顶礼帽、呢帽）、发型以及酷酷的风格闻名。

下图：让·夏尔·德卡斯泰尔巴雅克，1950–，设计师。在 20 世纪 70 年代中期开始出名，他的店代表了最好的时尚先锋与生活方式。店员助理杰米在伦敦的德卡斯泰尔巴雅克的旗舰店中。

混搭了 20 世纪 40 年代英国贵族风的服装风貌

■ DRIES VAN NOTEN

■ LUTZ & PATMOS + BARNEYS NEW YORK

■ TARA JARMON + RM + SONIA RYKIEL + REPETTO

■ 双排扣水手大衣和半裙

■ 3/4 袖长的外套印花衬衫和褶裥裤

第四章

时尚流行趋势与周期预测

■
插肩袖大衣、贴袋、双排扣

“在时尚中蹒跚前行充满着无限魅力。”
——可可夏奈尔

那些试图解密和阐述未来流行趋势预测过程的人们，他们认为时尚流行趋势预测是一个神秘的工作。然而，这是一个相当科学的过程，它为服装业的决策者提供重要的信息。如果没有这些讯息，公司与品牌会投资在错误的面料、色彩、设计或产品供给上，因此可能造成巨大的经济损失。

这一章将分如下标题阐述时尚流行预测：

· 时尚流行预测者的作用；
· 时尚流行预测简史；
· 时尚流行周期；
· 为什么需要时尚流行预测；
· 怎样预测流行趋势；
· 流行趋势预测信息；
· 时尚流行预测服务。

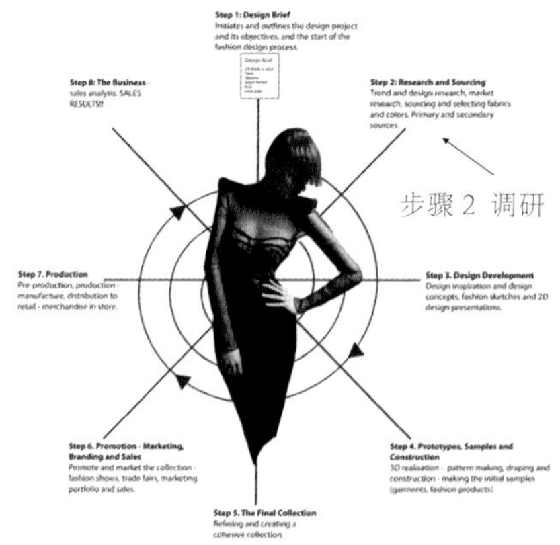

Step 1: Design Brief
Initiates and outlines the design project and its objectives, and the start of the fashion design process.
Step 2: Research and Sourcing
Trend and design research, market research, sourcing and selecting fabrics and colors. Primary and secondary sources.
步骤 2 调研
Step 3. Design Development
Design inspiration and design concepts, fashion sketches and 2D design presentations.
Step 4. Prototypes, Samples and Construction
3D realisation - pattern making, draping and construction - making the initial samples (garments, fashion products).
Step 5. The Final Collection
Refining and creating a cohesive collection.
Step 6. Promotion - Marketing, Branding and Sales
Promote and market the collection - fashion shows, trade fairs, marketing portfolio and sales.
Step 7. Production
Pre-production, production - manufacture, distribution to retail - merchandise in store.
Step 8: The Business -
sales analysis. SALES RESULTS!!

图 4.1 服装设计流程图（详见第 11 页）

左图：由法国巴黎时尚资讯公司 Promostyl 提供，它是一个国际流行趋势预测机构，图片源于该公司女装冬季流行趋势报告书，主题是“40 年代的英伦贵族风”。

PROMOSTYL

1. 时尚流行预测者的作用

你可以预测对于买手和设计师来说，下一年的产品中最主要的单品是什么吗？或在未来的两年内，什么是最重要的面料或色彩？流行预测专注于采集信息和识别趋势，帮助服装设计师、买手和造型师等来选择正确的色彩、设计和产品，为接下来的订单与产品设计做出正确的决策。他们的作用如下：

· 消费者生活方式和时尚趋势变化调研——国际的或特定的小众领域；

· 参加面料展，提供最重要的咨讯、T 台报告；

· 提供情感 / 趋势板，呈现重要的造型、色彩、面料和细节；

· 市场调研，通过店铺报告和高街上的消费者购买习惯，了解竞争对手在干什么，有什么新店开张，有哪些新兴的设计师；

· 获取行业和消费者报告，说明趋势走向；

· 为特定市场区域的特定产品进行销售分析；

· 新技术发展报告，以及它们如何在时尚方面影响消费者的生活；

· 追踪媒体，留意下一个上头条的有巨大影响力的电影、音乐、名人或品牌；

· 借助时机，何时引入特定的趋势来造成最大的影响力;

· 解读社会、人口、文化和经济趋势，呈现它们在时尚和消费习惯方面的影响。

2. 时尚流行预测简史

早在 1915 年，色彩协会开始提供色彩信息服务，为汽车公司、时尚造型师等重要行业提供指导。时尚因此而被划分成一些细分市场，如配饰、运动服和内衣等，现在成为预测服务的主要市场。

“第一视觉”——一个每年在巴黎举行的盛大的视觉预测展览，始于 1973 年，由一些创业的编织工人发起，当时的目的是为了在国际中心巴黎展示他们的面料。三年之后，他们开始提供季节色彩 / 面料趋势，以此在行业取得领先地位。第二年，编织和纺织行业的人士也加入进来。到 20 世纪 90 年代，“第一视觉”展览已经变成了世界范围内的盛会，近年来在巴西、美国和加拿大也都举办过。

60 年代和 70 年代的服装行业发生了相当大的变化；零售商看到了消费者行业的变化，因为通过媒体传播，人们开始关注各种事件和主题。预测消费者想购买什么，已不再是简单地关注时装秀和高级定制服装设计师。其他事件也开始影响到消费者的购买习惯；趋势开始从街头和文化中显现，社会群体开始创造他们自己的时尚“外观”。服装零售商、设计师、造型师和生产商觉察到“他们脚下正在发生变化”，他们应该通过考察影响消费者的更广泛的社会影响，以此找到解读市场的方式。

下图：趋势说明——你可以预测接下来两年最重要的流行色彩么？

右图：由法国巴黎时尚资讯公司 Promostyl 提供，源于该公司女装冬季流行趋势报告书，主题“孟斐斯”。

正是由于出现这些变化和发展动态，许多公司、办事处和咨询机构开始成立，提供广泛的资讯服务，包括与公司一起进行新一季产品的开发。

例如法国巴黎时尚资讯公司 Promostyl，40 多年以来，一直是一个引领世界流行趋势的公司。Promostyl 公司提供的流行趋势信息广阔而全面，在全世界都有高知名度的客户。Promostyl 公司提供给客户的流行趋势信息，与最初成立时相比已经发生了显著的变化。随着印刷和在线媒体科技的进步，时尚流行趋势预测公司的影响力大增，信息可以快速地传递到世界各地，而且越来越视觉化，这也意味着趋势预测行业的竞争力非常激烈。然而像 Promostyl 的公司，已经有了多年的经验，而且有一些非常稳定的客户，客户相信 Promostyl 资讯员提供的信息。今天，资讯公司需要确保他们提供的信息达到非常高的水准，保持最新、最前沿的趋势分析，确保他们在业内的领头羊地位。

3. 时尚流行周期

流行趋势通常是有周期性的；三四十年前，一个趋势从出现到模仿，再到商品的批量生产可能需要花数年的时间。而近年来，时尚业的节奏已经愈来愈快，从趋势的出现，再渗透到高街零售店，只需要 6 到 8 周的时间。对趋势反应迅速的快时尚零售店，通过这种方式能够最大程度地让公司获利，因为他们在趋势达到顶峰的时候占据了非常有利的市场份额。有时某些趋势可能没有被预测到，但会突然因为一桩特别的事件、电影，甚至一个名人新秀的影响而突然出现。

至于一个时尚趋势能持续多久，或是周期有多快结束，无从知晓；因此，对于服装设计师来说，有一个趋势预测专家可供咨询，通过他们的专业知识来解读和跟踪市场信息，这是非常有用的。为了判断一个产品或一个趋势能持续多久，可以对消费者行为进行研究（详见服装市场章节，时尚趋势周期）。

设计师、零售商和制造商需要就目前以及未来季节的产品中应注入多少某个时尚流行趋势的元素作出决策，因此他们需要掌握一个趋势能持续多久的信息。有些产品可能会流行很长一段时间，周期比较缓慢，如战壕式风衣，多年来一直作为“经典”的服装单品，而且似乎不会很快退出流行舞台。尽管一些单品第一次出现时只限于服装造型师和名人身上，但它们肯定会以当代风貌转移到其他形式上，逐渐被模仿，然后进入大批量生产的过程。

色彩趋势对于服装设计师、纺织品设计师和时尚买手来说是一个非常重要的领域；色彩常常是新系列产品或是流行趋势的出发点。色彩常常以视觉图片或照片的形式传达，一张漂亮的灵感图将包括一个趋势或主题的整个色卡。服装效果图也可以解释色卡内不同颜色的重要性，有些是强调色，有些将会是未来流行趋势重要的基本色。

左图：服装设计师夏洛特·希利尔在伦敦的布里克巷（Brick Lane），这里是新兴流行趋势的天堂。

4. 为什么时尚流行预测是必需的

一个品牌或公司的每一个决策者，从设计师到执行总监，都尝试对未来的走向、客户需求进行预测。这些人有很好的决策能力，但是如果他们可以从预测公司获得专业的指导，这将会给他们更大的信心作出更正确的决定——对将来的产品或设计的错误决定可能带来难以想象的损失。这会影响到公司或品牌的声誉，也会给公司带来负面的经济上的影响。在做决策阶段之前，流行预测顾问常常需要对他们的预测进行汇报和指导。这些将根据不同类型的公司或产品领域进行定制。为了权衡不同观点，并确保对正确的市场进行说明，公司需要请不同类型的预测公司或资讯顾问。当新一季产品投产时，这些行为会降低零售公司或设计师承担的风险。

短期和长期的流行预测：有时会听到时尚预测有“长期”或“短期”之分。这是因为当收集和预测信息时，根据不同的公司或市场，时间轴也是不一样的。

长期：通常，服装设计师和公司对于长期的、宏观层面上发生的行为模式很感兴趣；对于处理巨大数量或全球产品的公司而言，这是特别有利的。长期的时尚预测需要考虑未来大概五年或是更长的时间，这似乎是一个需要考虑的极长的时间框架，但是对于那些需要重新定位或开新店、引入新产品的决定而言，提前这么长时间未雨绸缪是非常有必要的。

短期：短期预测更即时，对快节奏的时尚零售业所做的决策，可以快速调整。短期常常意味着大约一年或是更久，有时也可以是 6 个月，或是接下来的一季。这种类型的预测帮助零售公司和品牌更快地为他们的客户提供即时的趋势。

“自上而下”和“自下而上”效应：“自上而下”效应是当一个流行趋势从设计师的 T 台秀或精品店到高街传递的过程。之后，它被消费者用很多种方法进行解读，然后成为“街头时尚”；它从“社会名流”到大众进行蔓延。“自下而上”效应是当街头时尚成为主流时，会被零售商注意到，接着被所有类型的消费者慢慢接受。服装设计师常常在他们的作品中采用这些趋势中的关键流行元素。

本页与右页图：高田贤三的“时尚流动系列”作品，在维多利亚阿伯特博物馆发布。这些设计作品体现了“自上而下”的效应——从一个设计师的 T 台秀向外渗透的一种趋势。

5. 怎样预测流行趋势

流行预测员通常要连接上庞大的数据资源网络。他们对大量的初步调研和销售信息进行分析，时刻关注新技术和新科技的发展动态。他们也有一个巨大的关系网，生活方式各不相同，了解世界上重要的消费事件；并进行大量的观察，涉及对消费者、经济、零售市场、社会行为以及旅行和时下的休闲方式等。对所有这些信息进行分析，并理解其中的意义所在，发现即将出现的重要主题或趋势，确定那些对时尚产业产生影响的方面，这就是预测员的作用。

对于时尚专家来说，注意到文化、社会、社会变化、艺术、科技和政治的哪些方面通常会对时尚和趋势的发展产生影响，这是非常重要的。表4.1试图描述一些在进行流行预测时需要考虑的不同影响，以及它们怎样在长期或是短期内以“自上而下”和“自下而上”的效应影响到时尚产业。

影响	“自下而上”或“自上而下”效应	对时尚趋势的长期或短期影响
名人：音乐、运动、演员、上流社会、皇室	自上而下	取决于名人的影响力、寿命和信誉度
经济的金融稳定性、消费者的个人财富、身份认知的变化	自上而下：政府政策影响到消费者金融，通过经济观点自上而下影响 自下而上：人们缩减开支，通过消费者观点自下而上影响	长期或短期的影响
社会趋势、旅游 & 休闲（如滑板、冲浪、滑旱冰、山地车等）、社交网络	自下而上应和自上而下	长期和短期
T台影响、高级定制、新兴设计师	自上而下	季节性的
科技发展、创新、个人技术	自上而下	取决于科技对于消费者来说是否具有可持续性
媒体、杂志、电视、广播、广告、在线媒体等	自上而下	短期
纺织 & 纤维趋势、色彩、面料类型、编织、针织	自上而下	长期
街头时尚、复古风格、消费者造型、国际影响、文化影响	自下而上	长期
艺术、街头 & 城市艺术、文化艺术	自下而上和自上而下	长期和短期
建筑／室内设计	自上而下	长期
电影、戏剧、音乐、芭蕾、歌剧、马戏	自下而上和自上而下（街头剧和国产电影，YouTube现在对消费者也有所影响）	短期

表4.1 对时尚产业产生影响的“自上而下”“自下而上”效应。

上图：艺术影响——雀山雕塑公园，英国，“三个女人”。

6. 趋势预测信息

这部分的内容介绍了服装设计流行趋势信息的组成部分。下面所列的是本章节中提到的具体资讯公司提供的众多要素中的一部分，并包括他们不同风格的呈现方式。

需要注意的是，他们都指导观察者注重自己的感受，这些感受是每个趋势或每个季节最基本的元素。这些元素以图片、绘画、照片、面料/织物样品及文本/词汇等形式，通过出版物或是在线展示的方式进行特别清晰的强调。

展示的元素包含如下内容：

时尚与服装效果图：服装效果图是一个非常好的展示服装外观的方法，因为它具有很清楚的识别形式。通常，用于预测的效果图常常是用穿在人体上的服装进行展示。

面料/纺织品导向：面料也通常跟随流行趋势；在20世纪70年代，人造面料非常重要，近年来，天然面料开始重新获得消费者青睐。

辅料和细节导向：服装上某些特定类型的辅料或细节通常会有很明显的趋势走向——可能会出现市场上所有的服装都采用蕾丝辅料的趋势，或者在配饰或外套上会出现皮革雕花工艺。

廓型：画出廓型将为新一季的服装廓型提供指示作用，例如，新一季的裤子可能是紧身的、喇叭的或是钟形下摆的。常常会有一些“正在流行”的重要廓型，设计师在开发指定季节的产品时，会将其作为指导。

表达造型、比例和结构的工艺图：比例在服装中非常重要，对服装的外观有着最直观的效果。有时候服装比例的变化可能会决定一个趋势的形成。例如，连帽衫（有帽子的运动衫），在两季中可能会有一个巨大的帽子，但是在将来的季节中会变成标准尺寸的帽子。对于设计师而言，准确地把握住这些因素，并抓住正确的时机非常重要。

下图：米兰的配饰橱窗展示。

下右图：伦敦“毕业生时装周”的鞋子展示。

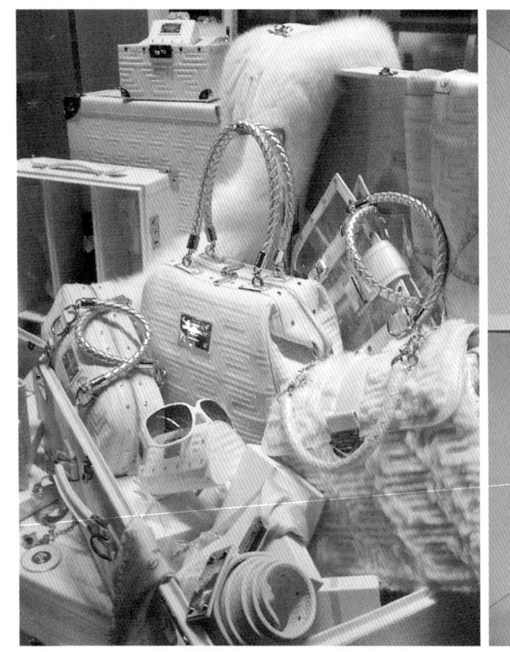

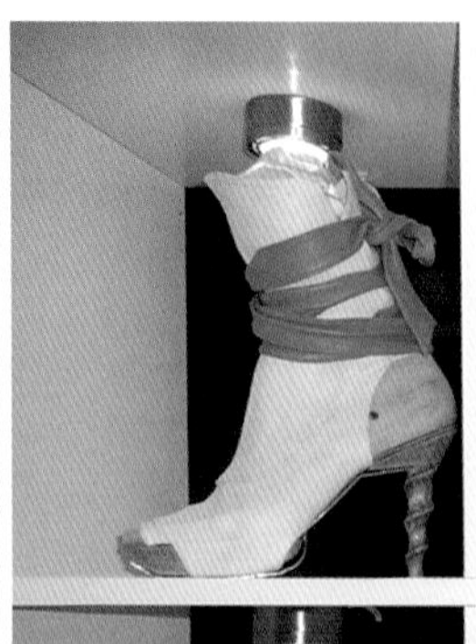

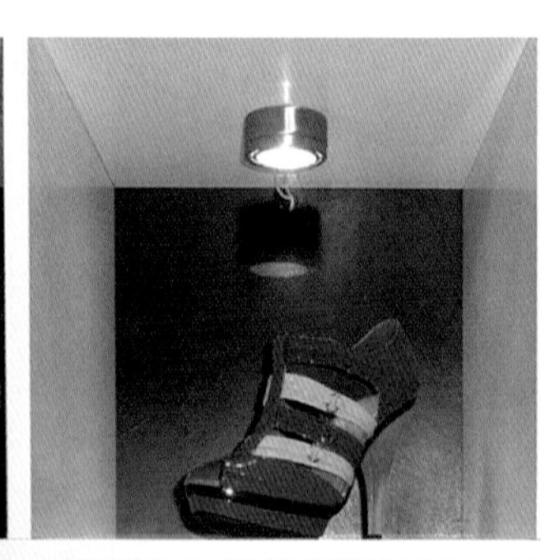

造型搭配建议：推动了趋势的前行，使其不仅仅只是单件服装的风格。造型建议帮助买手们理解消费者在新一季想要购买什么来搭配他们的服装。造型搭配常常被视为可以引领趋势——造型师应该有独到的“眼光”，能成功地将服装和配饰以新的方式搭配在一起。

街头风格 / 图片库 / 零售趋势：大部分预测机构会有大量的、由他们自己的趋势预报员搜集的图片档案，涉及的领域有橱窗、零售店、街头时尚、建筑和艺术。预测机构花费大量的时间和资金，让预测员前往世界各地，捕捉灵感图片，挖掘新兴的趋势与主题。

强调时尚外观的配饰流行趋势：配饰对于时尚产业来说非常重要，因为在贸易缓慢增长时期，它们常常成为品牌或零售商的主要收入来源。这意味着零售商和设计师需要意识到配饰流行趋势的发展动态，并理解它们如何与服装流行趋势相关。

纽扣、搭扣、五爪扣与拉链款式：知道这些市场领域的流行趋势如何发展，对于设计师来说非常重要。为他们需要了解产品的类型，如拉链和纽扣，这样在他们未来的产品采购和制作的时候知道哪些产品可供选择。

零售趋势与店铺橱窗：这些信息非常重要，因为它让我们了解零售商是如何向他们的客户解读季节性的趋势；最终这将会对趋势的成功定格产生较大的影响。橱窗展示作为一种与客户沟通的方式，对于零售商来说越来越重要，因为他们要与不断增长的电子商务和多渠道零售一争高下。

上图：“红鞋子”——雕塑家格雷塔·伯林。

下图依次为：充满活力的长筒靴——新的流行趋势；“毕业生时装周”的大衣；伦敦时装周街头，“潮流定格”；太阳帽、太阳镜以及红头发。

7. 时尚预测服务

时尚产业的多个层面都有预测服务，预测信息的展示风格及形式各不相同。预测机构和出版物的目标客户不只是不同类型的服装公司与品牌，也包括不同的产品领域，如配饰、男装、运动装或童装。一些时尚预测机构的服务迎合所有的产品领域，这就要求他们进行广泛而多样化的调研。

预测机构传播资讯的方式总是不断地变化，随着最近几年科技的发展，信息通过互联网快速传递，每天更新资讯已不足为奇。博客、手机应用软件和社交媒体都是非常好的向世界各地传递信息的方法。

下面列出了一些全球知名的预测机构以及顾问，他们传播信息的方式都大不相同，风格迥异。

需要注意的是，他们都指导观察者注重自己的感受，这些感受是每个趋势或每个季节最基本的元素。

在时尚业，作为一名服装设计师，或者任何类型的决策者，你需要了解所有展现出来的趋势，观察每个不同风格所包含的所有元素，从而确定对于你的公司或品牌什么是最合适的。

下图：由国际流行预测机构巴黎时尚资讯公司Promostyl提供，来自他们的年轻市场冬季流行趋势报告书，主题“启示”。
下右图：服装设计师夏洛特·希利尔。

PROMOSTYL（www.promostyl.com）： Promostyl 是一个国际趋势研究和设计机构，从20世纪60年代开始便出版流行趋势的书。机构最初设在巴黎，现在在纽约和东京都有分部。这些年来，Promostyl 拓展了它们的服务范围，包括设计咨询、市场分析、零售空间设计、培训和流行趋势预测会议等。趋势图书以季节为基础，为服装设计师提供了季节性的重要趋势方向和色彩指导，包括潘通色彩参考。趋势图书包装里面常常附 CD 光盘；这样设计师可以使用现成的模板，包括了下一季最重要的服装造型和细节，创造出适合他们自己市场的定制产品。Promostyl 有一个创意团队，他们在世界各地旅行，发现并分析最新的消费者行为模式；它在非洲、中国、日本、印度和澳大利亚设有办事处。

WGSN（www.wgsn.com）： WGSN（Worth Global Style Network）是一个完全的线上国际预测服务机构。它由两兄弟朱利安 · 沃斯和马克 · 沃斯于1997年创办，2005年卖给媒体公司EMAP。WGSN为用户提供非常丰富的资源，用户可以获得广泛的趋势资讯。公司及设计师用户需要付费订阅此服务。WGSN 在世界各地的办公室有展示和趋势侦查员，如纽约和香港。在线服务的性质使信息可以快速更新，即时获得世界各地的趋势报道。

MUDPIE（www.mpdclick.com）： Mudpie 作为一个英国的设计资讯公司，创建于 1993 年，最初提供童装预测服务，主要侧重于婴幼儿、儿童和青少年的休闲装。通过印刷物和在线网站 Mpdclick.com，该公司现在将业务范围拓展至趋势分析和预测服务方面。Mudpie 现在是世界上领先的提供趋势情报的资源机构之一。

下图：由国际流行预测机构巴黎时尚资讯公司 Promostyl 提供。

下左图：伦敦布里克巷，街头新兴流行趋势的天堂——“自下而上”效应。

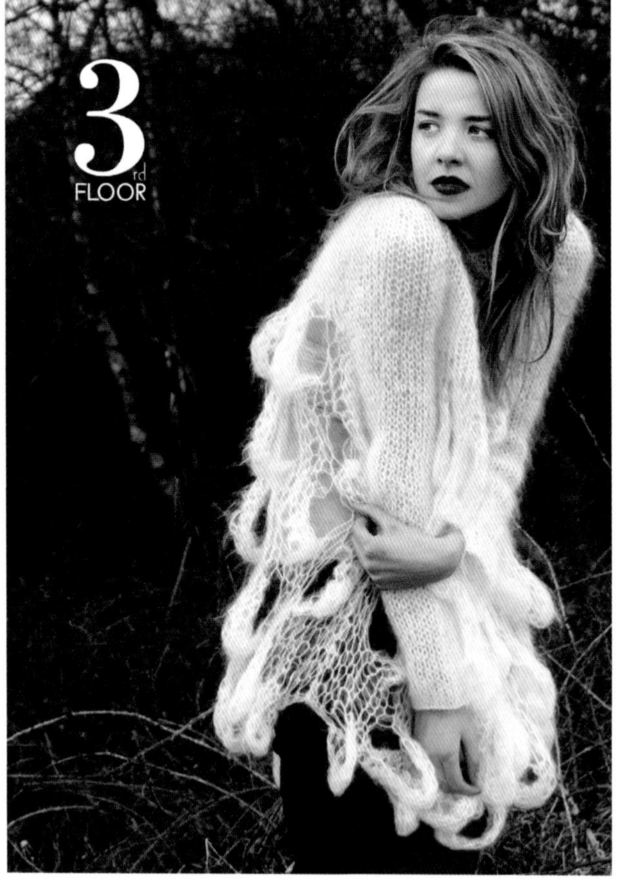

STYLESIGHT（www.stylesight.com）： Stylesight 提供趋势预测和咨询服务。总部设在纽约，在上海、香港和美国等中心城市也设有办公室。Stylesight 提供灵感图片、生活方式和消费者趋势变化资讯、T 台和贸易展会报道，同样也提供设计开发和咨询服务。Stylesight 为成千上万的国际客户提供大范围的快速准确的时尚趋势在线资讯。主要趋势、季节性的色彩板、宏观趋势预测和图案印花指导是其提供内容的重要组成部分。Stylesight 的在线“webinars”和现场会议将重要趋势和预测快速传递给世界各地的设计师。这些资源对于全世界各地的设计师都非常有价值。

PECLERS（www.peclersparis.com）： Peclers 设在巴黎。它是一个领先的国际造型 / 设计和趋势资讯的机构，涉及的领域包括服装、化妆品、家居和生活方式产品等。Peclers 可以为寻求增加创意投入的公司提供解决方案，有时甚至也为希望将时尚产品纳入其产品范围的生产商服务。Peclers 每季会推出 18 本关于服装、化妆品和配饰的书——为了编撰这些季节性的书，它们会进行非常深入的调研。在提供服装设计服务的同时，它也提供市场和推广策略。对于那些希望设计未来畅销产品的公司来说，Peclers 的趋势书非常容易解读。

TRENDSTOP（www.trendstop.com）： Trendstop.com 是一个引领趋势预测和分析服务的网站；它通过提供视觉和灵感趋势资讯服务来提供信息。Trendstop 因其品质、趋势分析服务和在线的快速准确的资讯而闻名。可下载的关键季节性趋势廓型可用 Illustrator 和 Photoshop 软件使用或编辑。这也使得设计师可以对下一季的最重要的服装廓型进行操作。

图从上到下依次为：
艾丽莎·曼恩使用 Stylesight 网站进行在线趋势调研。
Trendstop——领先的在线趋势预测和分析服务网站之一。
“3rd Floor”时尚趋势杂志——启迪与启发。南安普敦索兰特大学、编辑：丽莎·曼恩和苏珊·诺里斯；摄影：皮帕·高尔；造型师：弗朗西斯卡·罗伯特。

未来实验室（www.thefuturelaboratory.com）：未来实验室是一个总部位于英国的消费者预测机构。自 2001 年成立以来，它已经发展成为一个全球性的咨询机构，提供独立调研、创意想法和根据一个品牌或公司需求定制的调研及咨讯服务。未来实验室的客户遍及零售、技术、金融、汽车、食品、时尚及创意产业等领域。公司通过每天或每周，以及每季度的新闻提要和观点报告提供趋势报告和信息，同时还有一年发行两次的出版物“*Viewpoint*”。

Li Edelkoort/ 趋势联盟（www.trendunion.com）：Li 是一位在时尚及生活方式预测方面全球认知度极高、极富盛名的人物。她专注于“长期”预测，预测生活方式的改变对消费者购买习惯产生的影响，尤其侧重于消费者在时尚及生活方式方面的购买行为。Li 在全世界范围内发布她的发现，探访主要的首都城市，为时尚与消费者预测行业的重要成员提供她的观点报告。由趋势联盟发行的其他出版物包括 *View*、*View on Color*。

NELLYRODI（www.nellyrodi.com）：NellyRodi 是一个总部位于法国的流行趋势和咨询服务提供机构。它被认为是一个更具概念性、思维发人深省的趋势分析机构。它提供的极富视觉冲击力的趋势书包括丰富的信息资源，其形式具有可触性。NellyRodi 以其创意性和对未来预测能力的领先一步而自豪。鉴于趋势预测信息提供方式的不断变化性质，NellyRodi 最近开发了一项在线服务：www.nellyrodilab.com。它提供不断更新的信息，涉及趋势、生活方式、设计师以及国际主要的时尚事件的报导。NellyRodi 也拓展了其服务范畴——香水工厂，提供香水开发服务，并专设了名为“Marketing-Style®”的营销情报服务，开发出营销策略，帮助品牌理解和追踪消费者的行为，继而利用这些信息预测未来的生活方式、时尚和消费者购物习惯与趋势。

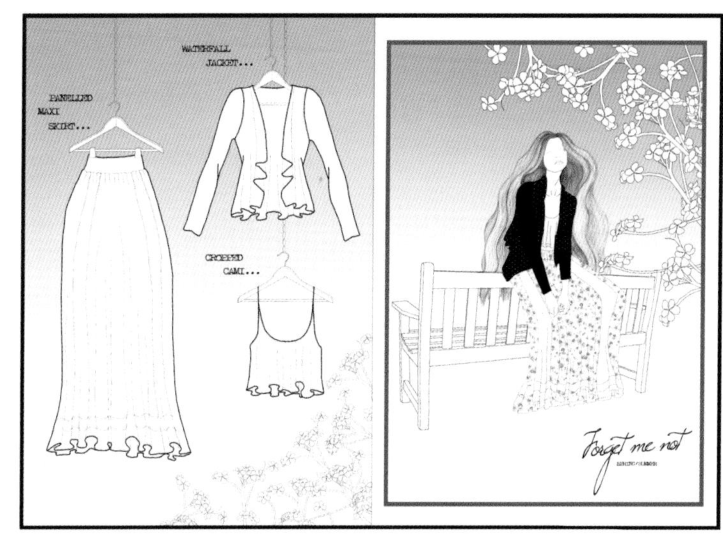

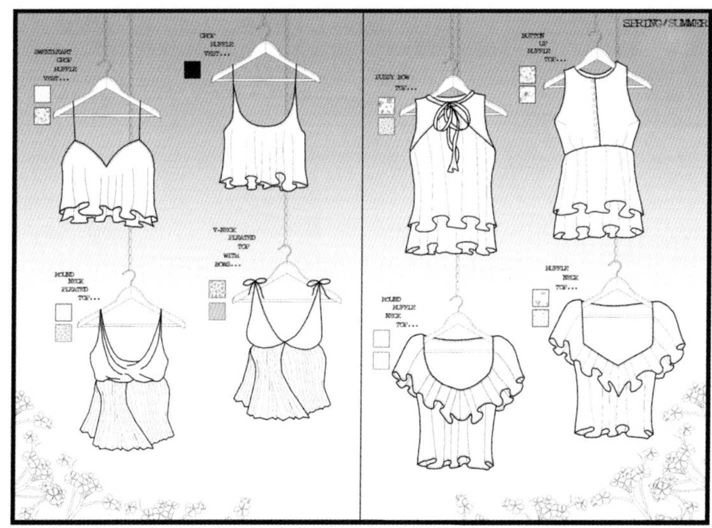

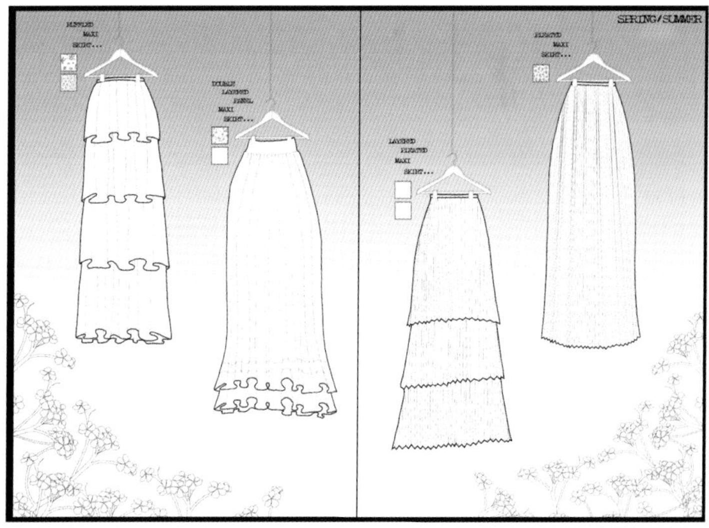

上图：服装设计师吉玛·阿斯普兰德的趋势与款式造型展板。

SYSTEMS

Les kids mixent les années 80 pour le côté punk des impressions animales avec les 90's ambiance techno et imprimés digital/fractal. Si les volumes restent simples et graphiques, les détails preppy - collants plumetis ou pied de poule, cabans et manteaux old school sophistiquent le look. La fièvre monte sur le Denim couleur avec une trame intérieure gold en mode disco.

Kids mix the 80's punk look of animal prints with 90's techno and digital/fractal prints. Though shapes remain simple and graphic, preppy details like satin-stitched or houndstooth tights, reefer and old-style school coats make the look more sophisticated. The fever rises in colored denim with a gold weft for a disco style.

KIDS AT GIGS

Tonalité 80 cadencée par des rouges et roses clubbing, dans une gamme de sombres colorés.
Rhythmic 80's red and clubbing pinks in a range of colored darks.

14
11
18-2328 TPX
13
15
10
NOIR BLACK
> Col oversized sur caban étroit en laine
Oversized collar on narrow wool reefer coat
> Impression léopard colorful sur sweat-shirt graphique
Colorful leopard print on graphic sweatshirt
> Jean slim-droit en denim coloris vert n°13
Slim, straight jeans in N°13 green denim
< Impression fractal digital sur robe-tee graphique en jersey
Fractal/digital print on graphic jersey T-dress
< Confronter les imprimés futuristes aux imprimés preppy (ici collants plumetis)
Confront futurist prints with preppy prints (here satin-stitched tights)

第五章

色彩和面料——理论、设计、采购与选择

“我将面料演绎成柔软浪漫的廓型，使用如丝绸、棉这样的天然面料，让皮肤更加舒适。”——五十川明

色彩和面料对于设计来说是非常关键的要素，它们共同打造成功的服装产品。它们有助于为一个系列塑造合适的情绪，也必须适合特定的季节。对于许多设计师来说，色彩和面料激发了他们最初的设计理念，并最终形成新一季系列作品的主题。

研究表明，在商店里，消费者首先对服装的色彩产生第一反应，然后是设计、面料和质感，最后是价格。因此，作为一名服装设计师，掌握基本的色彩理论和面料与材料的特性是必需的，同时也应了解目标客户群对特定色彩和面料的诉求，因为这些因素会影响你的设计。

本章将通过以下内容来讲解色彩和面料：

色彩理论与设计——色环、色彩语言、色彩联想以及为你的产品系列制作色彩板。

面料——识别面料（类型、质地、结构、特征、特性、用途、性能、处理、后整理）。

面料采购与样品——选择、采购以及为你的设计制作合适的面料样品。

1. 色彩理论与设计

这一节阐述了基本的色彩理论与设计。它将帮助你理解色彩“语言”，帮助你在设计过程中创造色彩板时作出明智的决定。

作为一名设计师，你将持续地与色彩打交道：

· 为纺织品、服装系列和产品选择色彩板；

· 为服装和纺织品设计作品的表达搭配色彩；

· 与服装和纺织业的人士进行交流（纺织品设计师、印花工、面料供应商、买手和媒体）。

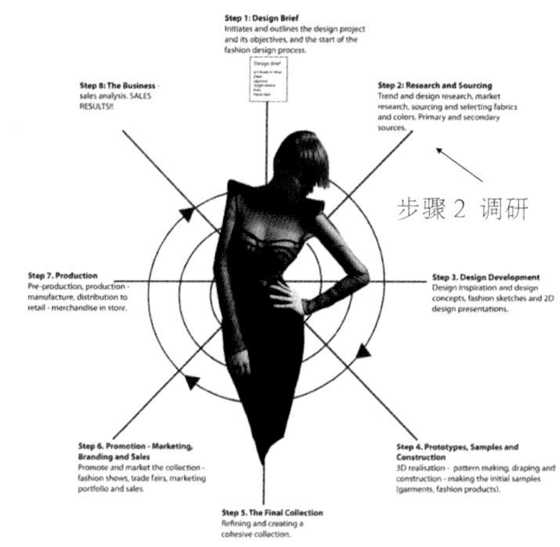

Step 1: Design Brief
Initiates and outlines the design project and its objectives, and the start of the fashion design process.
Step 2: Research and Sourcing
Trend and design research, market research, sourcing and selecting fabrics and colors. Primary and secondary sources.
步骤 2 调研
Step 3. Design Development
Design inspiration and design concepts, fashion sketches and 2D design presentations.
Step 4. Prototypes, Samples and Construction
3D realisation - pattern making, draping and construction - making the initial samples (garments, fashion products).
Step 5. The Final Collection
Refining and creating a cohesive collection.
Step 6. Promotion - Marketing, Branding and Sales
Promote and market the collection - fashion shows, trade fairs, marketing portfolio and sales.
Step 7. Production
Pre-production, production - manufacture, distribution to retail - merchandise in store.
Step 8: The Business - sales analysis. SALES RESULTS!!

图 5.1 服装设计流程图（详见第 11 页）

上图：时装画家蒙塔娜·福布斯作品——豹纹细跟高跟鞋。

左页图：由巴黎的 Promostyl 提供，来自于它们的年轻市场冬季流行趋势报告书，主题“演出中的孩子们”。

色环：色环或色轮是一个用于色彩识别、选择以及色彩混合的非常实用的工具。色环有多个版本和解读方法，本书中选取了一个简单的版本。下面是一些与色环有关的色彩术语：

原色：指的是红色、黄色以及蓝色，可以与色谱上的其他任意色彩相混合。

二次色：两种原色以相同比例混合而成，产生了橙色、绿色和紫色，如红 + 黄 = 橙色。

三次色（中间色）：由一个原色和二次色混合而成，如红+橙=红橙色。

互补色：色环上处于相对位置的颜色，如红色和绿色。

色相：构成了整个色环范围的纯色和亮色，从红色、橙色、黄色、绿色、到蓝色以及紫色。

明度：色彩的亮度和暗度——色彩色阶。

纯度：混合其他颜色，纯度升高（变亮）或纯度降低（变暗）。

浅色调：纯色混合白色，如红 + 白 = 粉色调。

色度：纯色混合黑色或深色，如红 + 黑 = 暗红色。

色调：用来描述色调或阴影。

色温：颜色可以与温度关联起来描述。

- **暖色调：**与火、太阳和激情有关——紫色、红色、橙色和黄色。这些颜色在色轮的一边出现，与冷色相对。
- **冷色调：**与水、天空、春天和植物有关——蓝色、蓝绿色。这些色彩在色环上与暖色相对。
- **暖**色有向前的感觉，而**冷**色有后退的感觉（可以通过观察你周围的事物来理解）。

中间色：与色相无关联。中间色包括黑色、白色、灰色和棕色。

调和色：是配色方案的组合色。这些颜色能很好地搭配在一起，如色环上任何两个或两对互补色。

对比色：色环上不同区域中的两种颜色，如红色来自于色轮的暖色部分，蓝色来自于冷色部分。

色彩心理

研究表明，色彩给人们带来不同的感觉与情感——人们在直觉上、情感上、身体上对色彩作出反应。消费者购买某个产品（服装、鞋子、配饰）的决定将受到几个因素的影响：时尚意识、文化、性别、年龄、肤色，他们的居住地（国家、民族、城市、海边）、季节，是否在工作或度假，他们的工作类型。应考虑：

- **暖色**——有刺激作用，热情，有趣味性，适合夏天穿着，而冷色能让人冷静、平和。

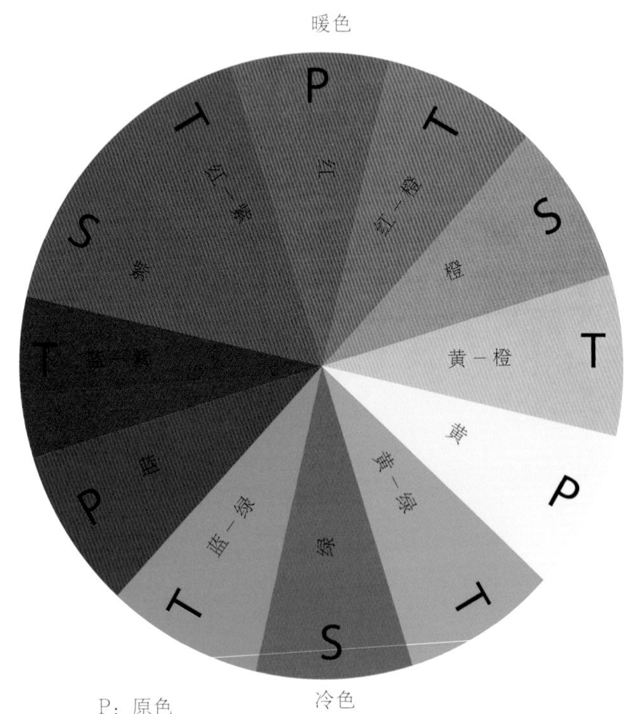

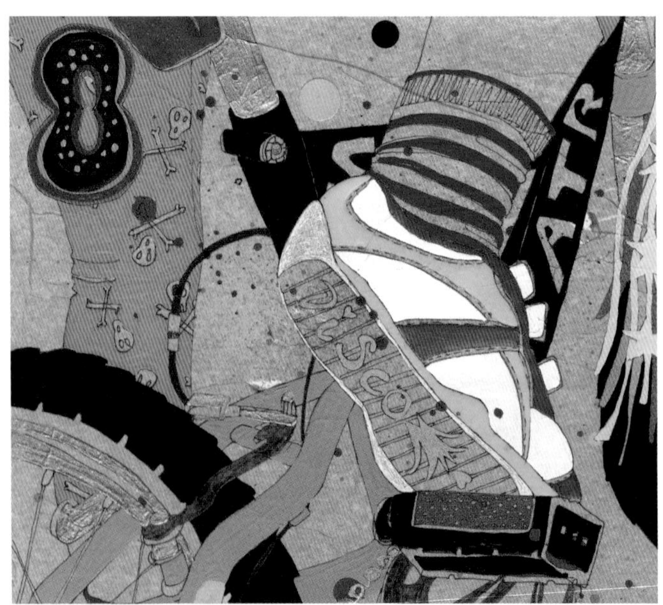

左图：色环，首个色环由英国物理学家艾萨克·牛顿爵士于 1666 年通过光学实验发现。

上图：时装画家莎拉·比斯顿作品“自行车——一个有趣的轮子！！”，用色反映了色环。

·亮色：可以提升我们的情绪，但是太多亮色在一起会显得廉价、浮夸或艳俗。

·蓝色：蓝色或自然的绿色可以起到平静的效果，但是海军蓝则显得更加精致和古典，而石灰绿则给人生机的感觉。

·灰色：冷酷，看上去非常单调、职业以及商务；而银色，尤其是闪光的金属银色，像灰色一样酷，但更生动一些，更有活力。灰色显得更圆滑和现代，或传递出华丽现代的感觉。

·黑色：无论春夏秋冬，时尚界中永恒的经典，它是衣柜中的必备色，可以百搭，因此大部分产品系列都把它作为一个基础单品色。如“小黑裙”散发出精致和优雅；相同的款式，用鲜艳的红色，则看上去多了趣味性，少了几分精致感；而黑色和红色的蕾丝内衣显得性感。

色彩选择

当选择色彩板的时候，除了被颜色激发灵感，考虑到怎样一起搭配，也有几个其他的考虑因素：

·趋势：色彩可以反映季节的氛围和基调。查看各种不同的贸易展会上推出的最流行的色彩、纱线和面料趋势报告，已出版的或在线预测刊物上的色彩板、主题、情绪和新型纱线等。

·季节：符合季节的颜色——白色和亮色在夏天和热带气候卖得较好，因为那里的人们更加放松，肤色偏暗。

·事件：对于特定事件选择合适的颜色——白色的婚纱礼服比黑色和其他颜色更受欢迎。

·目标市场：色彩直接与客户的期望相关。应考虑为谁设计；客户类别；他们的需求和期望；他们对特定色彩的反应。

色彩管理

潘通、蒙赛尔和昂高是较有名的专业色彩管理体系。它们帮助建立了国际标准，可以为从纺织厂、设计师、品牌，到零售商的整个时尚和纺织行业链传递精确的色彩、搭配和生产。这些体系也被广泛运用到其他产业中，如数字技术、建筑、室内设计、绘画等。

色彩用一个单独的编号来区分，这样在服装或印花上确定一个准确的色彩时，沟通起来更容易，印厂或染工可以准确地匹配出颜色。这对于内衣行业相当重要，如在一件服装中使用了不同的材料和辅料（蕾丝、色丁、松紧带）。潘通也以它们的趋势报告而闻名，报告中推出的季节性色彩板预测，在国际纺织服装行业都非常受欢迎。

左图至右图：蒙塔娜·福布斯和时装画家娜塔莎·戈德梅恩作品——从阳光到雨滴，展示了色温和色彩心理学，镉黄、红色和橙色表达了夏天的乐趣，蓝色、灰色和黑色则传递出冷色调和冬天的感觉。

IMPRESSION -RAYURE ANIMALIÈRE-
SUR ROBE EN JERSEY
ANIMAL-STRIPE PRINT
FOR JERSEY DRESS
JEREMY SCOTT
<
Sublimation
-léopard colorful-
sur cardigan en
laine, porté sur une
marinière multico
Sublimated colorful
leopard for wool
cardigan worn over
a multicolored
sailor top
>
Robe moulante graphique
façon 90's, découpe bustier
et impression zèbre
Graphic, molding, 90's style
dress, bustier seam
and zebra print
>
Jean forme -boyfriend-
raccourcie,
trame intérieure -gold-
Boyfriend-style,
cropped jeans, gold weft
HYPERLINK :
HTTP://STYLEBUBBLE.TYPEPAD.COM
>
COLLANTS GRAPHIQUES AVEC IMPRESSIONS
FRACTALES-ANIMALIÈRES-, PORTÉS PAR LA
BLOGGEUSE ULTRA-FASHION SUSIE BUBBLE.
GRAPHIC TIGHTS WITH FRACTAL-ANIMAL
PRINTS WORN BY ULTRA-FASHION BLOGGER
SUSIE BUBBLE.
PROMOSTYL | 29

2. 面料

将平面的服装效果图成功地转换成理想的实物形态，这是需要一定经验的。最重要的是，要根据面料的舒适性和功能性（悬垂感、手感、质量等）进行选择，因为这将影响到廓型和整个设计作品的外观。

在采购和确定服装系列产品中用什么面料时，需要考虑如下因素：

面料性能、特征和质量：这包括纱线成分、结构、克重、质地、手感、悬垂性、图案，以及其他性能因素，如保暖性、防污性、易护理性（只能干洗、可水洗）、防缩性等。功能性运动服的面料要求与一般的休闲服有很大不同。

· **商标：**所有服装产品应制作特定的商标；尺码、纤维成分、护理要求（每个国家应遵循不同的商标规格）。

· **面料克重：**根据每个单位设定重量。有三个主要的方法来规定克重，每直线码数用盎司，每平方码用盎司，每平方米用克。

合适性：对于单个设计或一个整体统一的系列来说，匹配面料的合适度是非常重要的，包括季节、功能、性能和形式、主题以及目标市场的匹配（见设计概要章节）。

纺织技术：技术方面的进步可以不断地生产出新型纱线，混纺、后整理、处理、染色和印花工序也都会有所革新。面料供货商不仅可以提供当季的面料，还提供跨季的面料，这将会对设计师的面料选择与使用产生巨大的影响，因为设计师可以设计并非特定季节的产品，在全年都可以销售。

计划：价格、是否现货和交货期也是面料决策过程中需要考虑的。

左页图：由 Promostyl 法国巴黎时尚资讯公司提供，来自他们的年轻市场冬季流行趋报告书，延续了前面的主题。

下图：服装设计师娜塔莎·戈德梅恩作品——“视错”系列，灵感源于立体主义，用透视法造成视错觉。通过将连衣裙当做画布一样反复使用，娜塔莎创作了许多服装，它们可以相互搭配。娜塔莎手绘了这些图案。

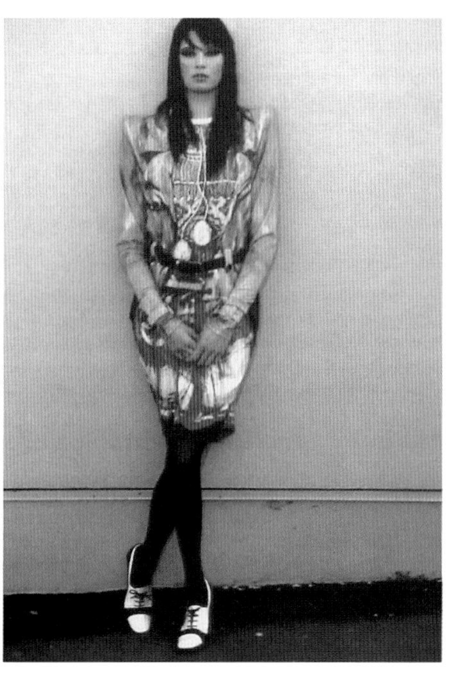

纤维和纱线

纤维有天然纤维和人造纤维之分，是组成纱线的原材料。纱线是持续加捻的股线（纤维），用来纺织成织物。

纱线以及最终面料的的特征，由以下因素决定：

· 纱线纤维的长度；

· 纺成纱线的方法；

· 纱线的直径以及完成时的附加工序（纱线的加捻数量或不同类型的纱线、新式纱线等）。

天然纤维的来源如下：

· 动物（蛋白质）；

· 植物（纤维素）；

· 矿物。

人造纤维根据原材料不同分类如下：

· 再生纤维；

· 合成纤维。

天然动物纤维源于动物的毛皮。不同品质的纱线，取决于动物的类型和品种，以及它们的居住气候和吃的食物：

· 羊毛，来自绵羊（美利奴）、羔羊和山羊；

· 马海毛及安哥拉毛，来自安哥拉山羊和安哥拉兔子；

· 山羊绒，来自克什米尔山羊；

· 羊毛，来自羊驼、美洲驼、小羊驼（所有美洲驼家族）；

· 骆驼毛（通常与羊毛混纺）。

羊毛有很好的保暖性、吸湿性、重量轻、用途广泛、不易起皱、耐脏、耐磨。

天然蛋白质纤维从蚕茧中生成丝纤维。面料包括：

· 绢丝（生丝）、柞蚕丝、泰丝、双宫绸、查米尤斯绸缎、欧根纱、绉纱，雪纺、罗缎、乔其纱、马罗坎绉丝绸。

丝透明且舒适，因为它具有吸湿性，穿着时冬暖夏凉，保型性好，易染色。

天然纤维素纤维由植物的种子、茎叶提炼制成：

· 棉：棉纤维源于棉的果实；

· 麻：麻纤维源于亚麻，从植物的茎内部提取纤维；

· 大麻、苎麻、黄麻、竹纤维面料：所有这些面料与亚麻相似，但是处理的方式不同；

· 椰皮（椰子的外壳，叶子纤维剑麻）：用于非服用目的。

棉耐用，透气性和吸湿性很好；适合于炎热的气候。

亚麻与棉性能相似，但更易起皱。

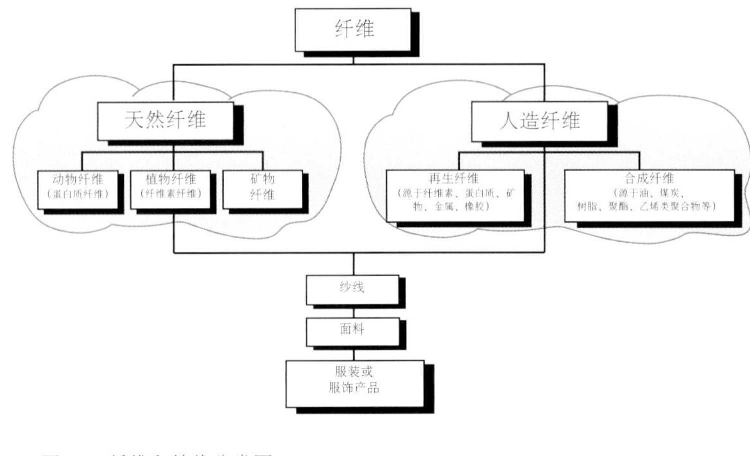

图 5.2 纤维和纱线分类图

右图：伯恩茅斯艺术大学服装设计学生正在根据设计概要，运用有机材料设计自己的系列作品。

最右图：服装顾问保罗·莱德和针织设计师埃里卡·奈特作品，马海毛面料展示了不同的针织技术、线迹和色彩故事。

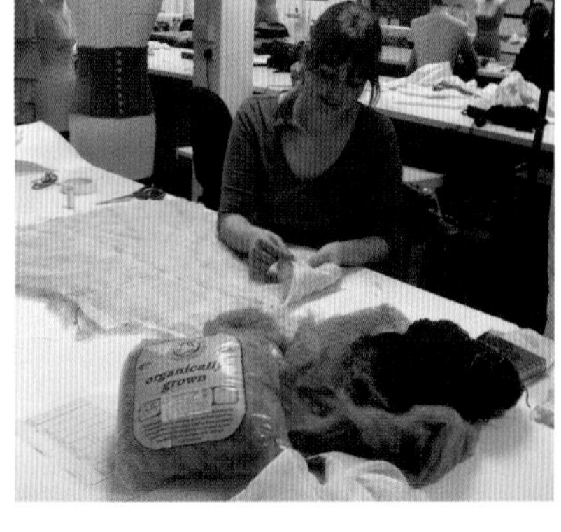

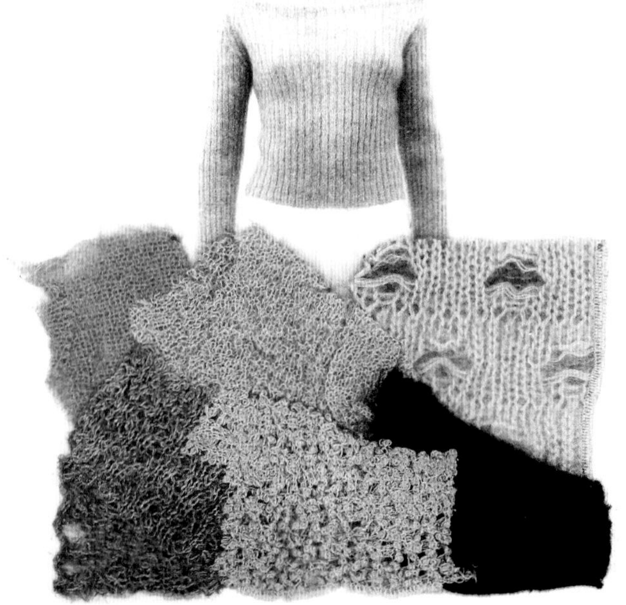

有机材料指生产过程中没有使用化学物质或农药。由于可持续性发展的理念，生态意识加强和环保行动越来越多，这是一个全球化的发展趋势。提供有机面料的纺纱厂和面料厂在不断增多，他们从采购源头上保证环保，设计节省能源、不破坏环境的生产工艺，回收利用，采用生态染色、后整理和洗涤等。

其他天然材料包括：皮革（生皮和兽皮）、毛皮、皮草、鱼皮（皮革）、马毛（用于腰带、里料）。

人造纤维由如下原料制成：

再生纤维素纤维——从植物和树木中提取。面料包括：黏胶纤维（莫代尔）、莱赛尔纤维（天丝）、醋酯纤维、三醋酯纤维（尼纶、涤纶、腈纶）。

合成纤维——由油、煤炭、煤焦油制成。面料包括：尼龙（聚酰胺纤维）、涤纶（特雷维拉、特丽纶、达可纶）、腈纶（聚丙烯酸物）（奥纶，阿克利纶、考特尔）、氨纶（弹性纤维、斯潘德克斯、莱卡——用在牛仔裤和内衣中增强舒适性的弹性）、聚氯乙烯（PVC、皮革替代品）。

这些面料性能丰富，包括手感柔软，悬垂性好，强度佳，耐用性好，可用于内衣、外套及运动服。

混纺织物——由两种或多种纤维加捻或纺织而成。混纺可增加最终产品的特质，包括：牢固性及可穿性和撕裂的强度，多次洗涤的强度，防缩性，易护理性，更加柔软奢华的感觉，穿着更加舒适，抗皱性。混纺的例子包括：棉 / 涤纶、尼纶 / 羊毛、尼纶 / 羊毛、尼纶 / 醋酯纤维、丝 / 羊毛、苎麻 / 腈纶、羊毛 / 合成纤维、羊毛 / 涤纶 / 莱卡混纺。

时装画家蒙塔娜 · 福布斯作品。要塑造特定的廓型和服装及套装的整体外观，选择合适质地的面料是关键。左图连衣裙衣身上装饰有大蝴蝶结，塔夫绸或色丁会更合适；中图的上装和裤子及丝袜，外观紧身合体，需要弹性面料塑造合体性，弹性纤维斯潘德克斯、莱卡更合适；右图有披肩设计的连衣裙，可使用人造毛皮或真毛皮，也可以选择羽毛，内里的紧身连衣裙可用有弹性的色丁或针织真丝制作。

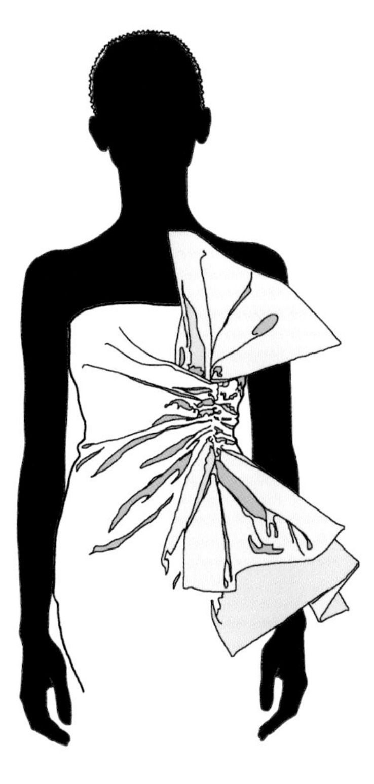

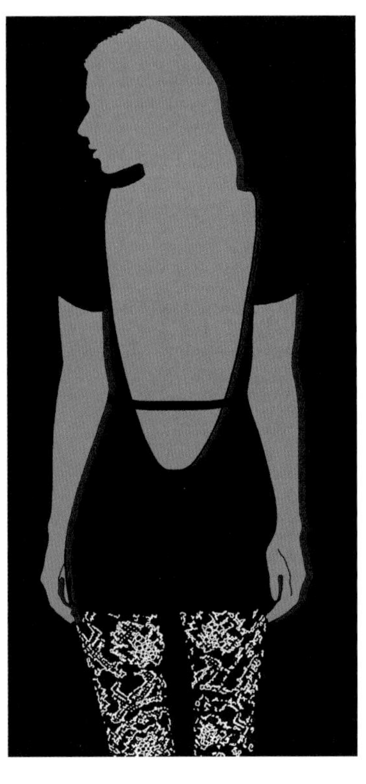

织物结构和生产

面料由纱线织成，分为机织面料、针织面料和非织造面料。

机织面料

由一系列长纱交织而成，形成面料的长度，即经向或直丝缕，同时，一系列横向的线迹形成面料的宽度，被称为纬向或横丝缕。

面料由织布机织成，固定经纱线，同时将纬纱线穿入其中。这种经纬纱相互穿套的方法称为纬编。纬编的类型以及纱线的使用类型，将会形成不同的织物悬垂性、手感和性能。

布边是面料的**经向**或**直丝向**的边缘，因为这是织机的方向。它形成一个牢固的织物边缘，并防止脱散。服装的裁剪通常与面料的边缘相平行，因为其牢固性和结构稳定性。

正面：大部分面料有正面（服装的外部）和反面（常用于服装的里料）之分。

正斜：指与机织面料有角度或呈45°。斜裁指一种服装的裁剪方式，可以形成更好的弹性和悬垂性，凸显人体曲线。斜裁可用于半裙、连衣裙、领带、滚边和包边。

机织类型：大部分机织产品由下列三种基本组织之一形成：平纹、缎纹和斜纹。

平纹组织是最简单、最常见的织法；经向和纬向形成简单的十字交叉图案。平纹织物包括：白棉布、雪纺、欧根纱、山东绸、塔夫绸、细平布和法兰绒（平纹和斜纹）。

斜纹组织是纱线斜向平行织法，形成斜角图案。斜纹织物正反面有明显差别，不像平纹织物一样两边相同。斜纹织物包括：斜纹棉布、卡其布、丹宁布、华达呢、粗花呢和哔叽。人字纹是双向斜纹面料。

缎纹面料根据其光泽或“丝质”般的外观进行分类，手感光滑，悬垂性好，但易拉伸。缎纹织法是由较长的经纱浮在面料表面形成的。缎纹面料有色丁、鞋面花缎、锦缎（图案可以是缎纹在斜纹底上，或斜纹在缎纹底上）、绉缎（正面缎纹、背面绉纱效果）。

其他织物类型，包括：

起绒组织：一种装饰性的或花式组织，由外加的经纱或纬纱交织，形成的套圈在面料的表面会形成起绒。套圈可以保留（毛巾布），或可以裁剪成裸露纱线的根部，形成起绒织物（灯芯绒、天鹅绒、人造皮草）。

提花组织：在整个面料上生成复杂精美的图案。在提花机上织成，价格较贵，因为编织工序很慢。提花面料包括：锦缎、花缎、织锦。

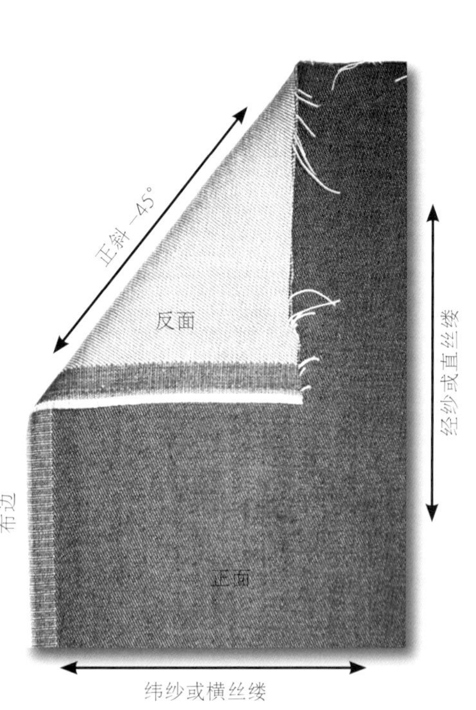

最左图：牛仔布，标出了面料的经向（直丝缕）、纬向（横丝缕）、布边、正斜布边、正面及反面。

左图：面料织法依次为平纹、斜纹、双斜纹、粗花呢、花圈式面料（花式纱可同时用于经纱和纬纹，或只用于经纱）。

针织面料

针织面料通过纱线相互圈套而成。水平方向的行称为纬纱，垂直方向的列称为经纱。

纬编针织：由手工或机器将纱线圈套而成。如果纱线在针织过程中脱散或剪断，那很可能会在经纱方向上出现抽丝。纬编针织面料用于袜子、T恤衫和毛衣。

经编针织：由机器用一种更复杂的圈套方式织成，垂直于面料的长度相互圈套。经编针织通长拉伸性弱于纬编，并且不会脱散。通常用于运动服、泳装和内衣。

针织面料的性能：不同纱线、针法和线迹可以形成不同的质地、克重和结构整体性。针织的“开放式”结构意味着它们更便于“呼吸”，根据使用的纱线类型，使身体保持保暖或凉爽状态。

针织工艺使面料在经向和纬向上都具有拉伸性，因而具有很好的弹性、悬垂性，同时还有抗皱性。

针织面料包括：

- **单面针织物**：面料轻薄，适应于T恤衫和内衣。
- **双面针织物和双罗纹针织**：常常作为双面织物，更牢固，保型性好，切边无卷边。
- **罗纹面料**：有助于服装的塑型，与面料缝在一起，或作为辅料（用于针织面料和机织面料上）用于腰头、领围线、袖口和领子。
- **针织线迹和类型**：正反面针织物、起毛线圈针织物、色彩鲜明的针织物、提花针物、本色羊毛织物。

织造方法：针织可以通过三种主要方式制成服装：

裁剪和缝制：沿着面料的长度，将样片进行裁剪和组合。

全成型毛衣：将服装样片针织成特定造型，然后再缝在一起。

筒形针织：立体针织，无拼缝的筒状，有一点缝或没有。

注：应谨慎洗涤，因为其结构原因，针织面料可能会变形。

非织造面料和其他面料

非织造面料将面料交错或黏合在一起，通过机械的、化学的、加热或溶剂的方式形成。通常由纤维制成而非纱线，不会磨损或脱散。如毛毡、橡胶、PVC、塑料、无纺衬、热融里料（维莱恩®）。

毛毡或毡化指将层层纤维压在一起，一直操作直到它们黏合在一起。毛毡产品包括：帽子、拖鞋、鞋子、包、半裙、外套和大衣。

以下类型的面料生产也可以作为一种工艺。

蕾丝：由相互圈套的纱线织成精致的有孔面料。可以通过手工或机器织成：线轴花边、针绣花边、挖花花边和梭结花边。

编结物：指纱线缠结在一起形成布。

钩针编织：指用钩针使纱或线圈套而成织物。

流苏花边：指通过编织和打结绳子形成图案。

打结：指将线系在一起，如流苏花边。

右图：非织造面料设计制作的服装。服装设计师娜塔莉·霍姆、吉尼·豪沃思、法拉·侯赛因，摄影师马克·安德森。

表面设计与处理

从“表面”一词可以看出，许多工艺（后整理、装饰）是施加于已经织好或者染成的面料上，或者服装已经制作完成。

这包括：

· 印（印花和织花）

· 染

· 后整理

· 装饰和特殊工序（刺绣、贴花、镂空、钉珠、面料涂绘、绗缝、打褶、手工处理皮革等）

注：一些源于几个世纪前的传统手工和机器制作方法，在今天被视为一种手工艺，继续沿用。

印花和染色：印花是利用图案或设计稿来装饰已经完成的面料或产品表面。印花设计通常不会穿透到面料的背面，除了某些特定面料会有穿透效果（透明、细薄的面料）；还有双面印花，一种在面料两面都印花的方法。印花面料不能与纱线染色的面料混淆，纱线染色是在机织或针织之前染色，以此形成图案。

印花方法：有三种主要的印花工艺，即直接印花（套印）、拔染印花和防染印花。

其他印花方法（可能包括上述印花工艺）有：雕版印花、滚筒印花（刻花滚筒印花）、双面印花、丝网印花、转移印花（热转移 / 纸转移）、单色印花、喷墨印花、静电印花、染料热升华印花、照相印花、差异印花、经纱印花、蜡染、扎染、喷墨印花、数码印花和激光印花。

其他达到特定装饰效果的装饰印花技术，使用了诸如胶水、特殊的墨（扩张油墨、闪光油墨）等材料，以及化学材料，包括植绒印花、金银箔印花、胶浆印花、泡胶印花、烂花、金属感材料、有光涂料、麂皮。

图案类型包括：单色、主题、重复、单向、定位、徽章等。

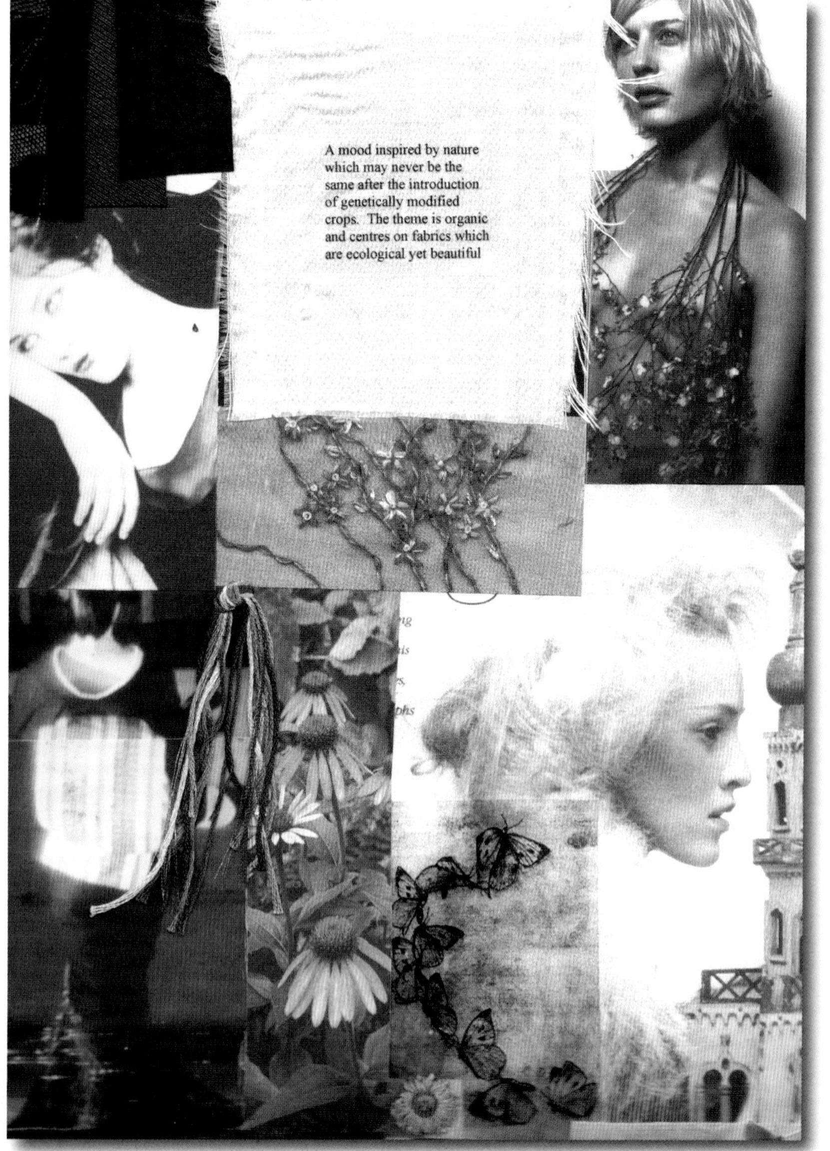

A mood inspired by nature which may never be the same after the introduction of genetically modified crops. The theme is organic and centres on fabrics which are ecological yet beautiful

服装设计师凯思琳霍·普金斯的“有机”主题情绪板。面料和色彩包括：经过再创造的天然面料、丝质雪纺、丝和亚麻；精致轻薄的亚麻面料小样、刺绣亚麻、彩色丝质绣线；蕾丝蝴蝶。

染色：面料通常采用纱线染或匹染。匹染指可根据流行趋势或生产商的要求，将本色布（或坯布）进行染色、印花或后整理。服装也可以先缝制，再进行后整理（染色、特殊水洗等）。由于利用这种方法进行染色的面料或服装可能会缩水，因此需要提前进行测试，印花时，应留出预缩量。有两种主要的染色方法，即化学染色和天然染色。

染色工艺：包括直接染色、分散染色、涂料染色、浸染或段染及套染。

处理和后整理：许多特殊的水洗和热处理工艺，特别适合牛仔面料和牛仔产品的牢固度处理，但也可以应用于其他类型的面料或服装上。这包括：漂白、磨损、磨砂、玻璃喷砂、靛蓝染、雪花染、石洗、酸洗，折痕和皱纹效果、磨毛、砂洗、拉毛、水洗（做旧）和柔软处理。

新技术：印花方法的技术革新（机器、化学、喷墨等），以及传统的手绘设计向 CAD 系统的转换（包括 Photoshop 和 Illustrator），这意味着纺织业将不断地出现新的工艺，而且速度更快，因而新纱线、新面料和新的处理方法将层出不穷。

上图：来自服装设计师卡米拉·鲁伊斯·拉米雷斯的春夏季系列作品——扎染、蜡染棉质连衣裙，卡米拉使用了当地的民族图案。

下图：服装设计师布鲁诺·巴索和克里斯托弗·布鲁克作品，伦敦时装周，春夏成衣系列。两位设计师以创造独特和极富创意的图案而闻名。他们利用先进和复杂的数码印花技术，创造出面料极富新意的服装设计作品，传达了特有的艺术审美情趣。

创新型面料，展望未来

近年来，由于消费者对功能与时尚的双重追求，许多新型面料被引入市场。这一需求源于当前的生活方式——裙装中的非正式性增加，以及人们对运动和休闲活动的兴趣和参与感增加。这一现象有助于运动服、街头服和牛仔服市场的增长。当然，这些市场的增长也有另一因素，即服装、纺织品设计师、生产商、科学家的国际化角逐。

智能面料和相变织物

这些纤维和面料可以感知环境的情况或刺激物，也可以对这些情况作出反应。这些面料被用于高性能运动服和户外装备（防风茄克，甚至是护脸帽）中，在服装产品中的应用也越来越广泛。

戈尔特斯（Gore-Tex）因其出色的防水和透气性能，可能是最知名的早期智能面料。

服装的基本功能是保暖或凉爽，但是智能、高科技的面料可以为穿着者做每一件事情，包括发电等。有些面料和服装不仅能抗水洗，同时还能较长时间保持服装的性能，除此以外，还可以：

· 增强抗溢出性、抗折痕和气味（添加了抗菌性能的吸味剂），更耐穿，增加洗涤的次数。

· 即使洗涤之后仍长久保留愉悦的香气；面料中注入了维他命、防虫剂；具有吸湿性；甚至有减肥功能的紧身裤袜。

· 帮助运动员更好地发挥（承受更高强度的训练，更快恢复）。

· 监测和控制物理状态，包括温度、心跳，甚至是人的情绪状态——温度敏感织物（热量调节织物）。

· 可与网络连接——可以连接至数据库，分析获得的数据，如果穿着者有一些身体不适，可以进行监控。

· 可设有 MP3 播放器来听音乐。

功能性面料包括：聚亚安酯（PU）涂层、防水塔夫绸、创新型合成纤维、经纬双弹面料、蜂巢结构面料、高闪光尼龙以及金属斑点面料。

时尚：这些新型面料中有很多已经出现在了时尚之都的时髦街头。纳米技术给时尚界提供了一个新的面料处理工艺，并给服装业带来革新。纺织品的未来预示着智能面料将成为我们生活的一部分，为我们带来舒适感，提供保护和功能性。

左图：皇家艺术学院（RCA）硕士研究生正在利用塑料、流苏和模型进行试验，创造新颖的形式与功能。

右图：普利茅斯大学学生萨默塞特利用纸、塑料和打印的图像创造 3D 形式，对折纸和激光切割进行试验。

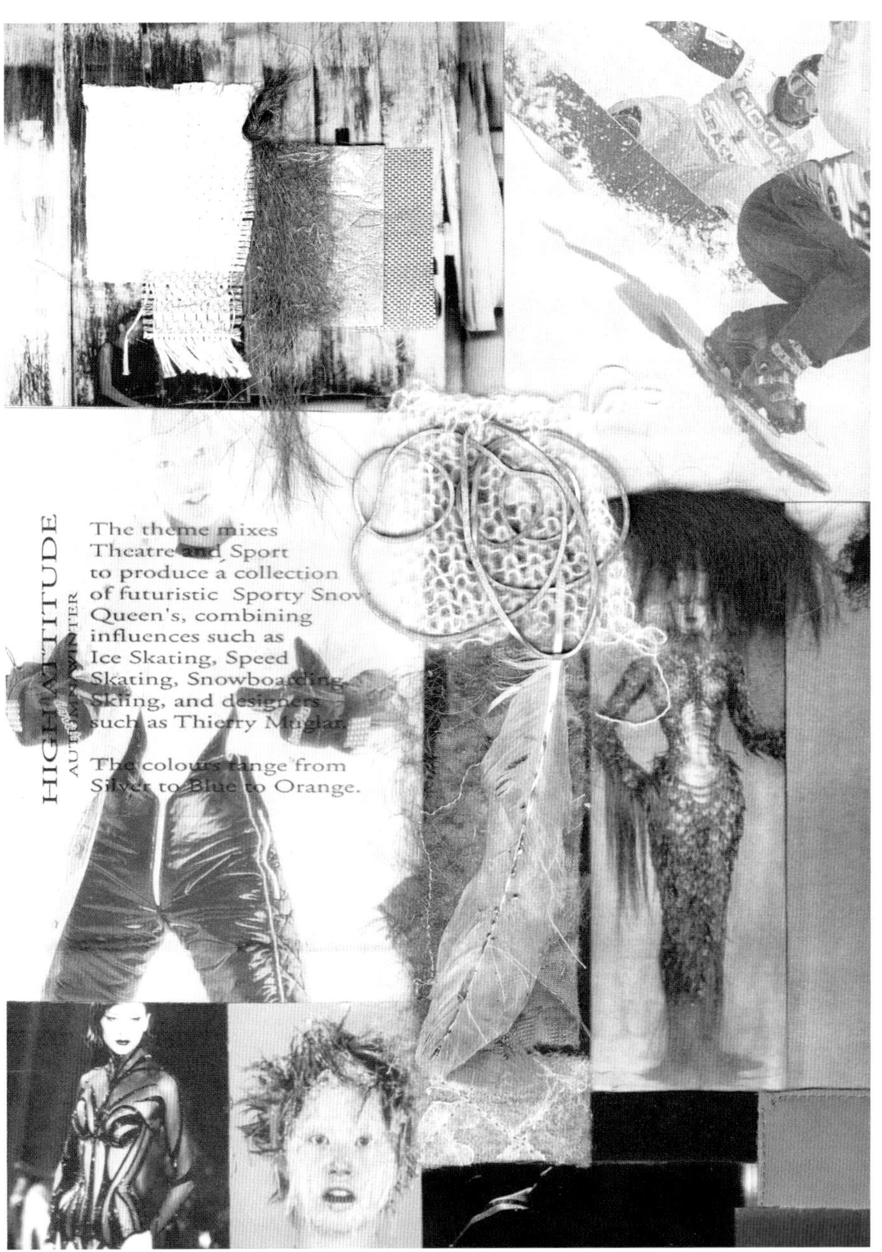
HIGH ATTITUDE
AUTUMN WINTER
The theme mixes
Theatre and Sport
to produce a collection
of futuristic Sporty Snov
Queen's, combining
influences such as
Ice Skating, Speed
Skating, Snowboarding,
Skiing, and designers
such as Thierry Mugler.
The colours range from
Silver to Blue to Orange.

服装设计师凯瑟琳·霍普金的“未来的设计”。面料／色彩情绪板主题“高纬度”。特征包括：金属线和面料、弹性、机织、针织、毡合、高性能运动面料、休闲和奢华时尚。天然的面料和未来主义的外观，使设计有着多元化的市场。

左图：皇家艺术学院研究生在织物印染房进行面料处理试验。

右图：皇家艺术学院研究生通过精细的描绘和滚筒效果，创造了复杂的图案，灵感源于雄鹰和宏伟的大自然。

3. 采购、选择和打样

为你的设计系列选择面料是设计过程中非常有意思的过程，而且还可以激发你对整个系列的想法。但也可能是最具挑战性的，因为你要衡量购买的数量、预算和起订量。

面料选择：正如我们讨论过的，面料在品质、特征和性能上千变万化，这取决于纱线、生产方式、染色和处理方式，当然也会影响到价格。因此，在为打样和生产选择面料时，尽可能多地收集信息非常重要，也要选择最适合设计的面料。基本标准如下：

· 针织或机织
· 面料结构
· 面料克重
· 面料成分
· 面料染色
· 面料价格

在行业内，在采购和选择面料时你的参与度取决于你们公司是不是有自己的业务部门，或者你是否是公司或设计团队唯一的设计师。在大型公司，会有一个面料采购员对最新、最适合的面料进行调研，并负责采购。

面料和辅料可以通过各种途径进行采购：

· 纱线、纺织和面料贸易展
· 纺织厂
· 面料中转商
· 面料加工厂
· 面料商代表 / 办事处
· 面料批发商
· 面料代理商

面料和纱线贸易展：面料和纱线贸易展每年会在全球举办几次（见最终系列一章相关内容）。纺织厂、生产商和代理商、预测 / 趋势公司聚集在这里，展示他们最新的研发产品和下一季的纱线和面料。“第一视觉”（巴黎）是最大的面料展会之一，但在全球也有很多其他展会：土耳其面料展、美国的“纺织世界”等。即使你不会从展会上订购面料，它们也是很好的调研资源与灵感源。

纺织厂：纺织厂生产面料，并通常专注于某一类型的面料，将货品直接销售给制造商和批发商，或者代理商。

面料中转商：面料中转商购买非成品坯布产品，然后进行染色、印花，对面料进行处理。他们与制造商和设计师紧密合作。

面料商代表 / 办事处：面料商代表或办事处会代表几个面料生产商。他们没有库存，但是会以小样的形式展示面料系列，通过面料小样和色卡的形式，谈判订单，发货给生产商和设计师。

面料批发商：面料批发商是从工厂和中转商那里拿成品来卖。他们有存货，但是一旦面料卖完，它们便不再提供相同的面料类别或花色。

面料经销商：面料经销商从工厂、生产商和设计师那里购买剩余存货面料和产品尾单，以较低价格重新销售给零售折扣店、卖场和小型服装公司，发货迅速。这种采购形式对于小型服装公司和学生是非常合适的。

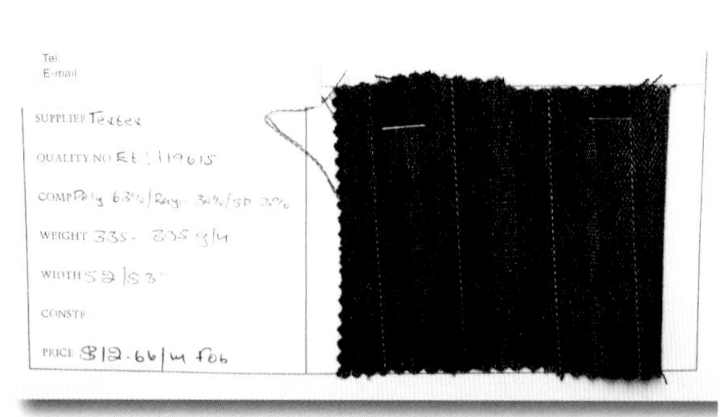

上图：贴有面料小样的面料单，并附有相关的面料细节、供应商和品质细节。

右图：时装画家蒙大拿 · 福布斯作品。千鸟格羊毛面料，宽松裁剪，双排扣外套；换上上图的细条纹面料，这件服装会同样魅力四射。

色卡和样品：纺织公司和面料办事处提供的色卡和样品有助于客户做出初步的购买决定。面料样品会接着用于服装打样，进行效果测试。如果面料能满足设计需求，则需要更多的样品面料，制作更多的样衣，完成整个系列。

起订量：大部分供货商都会有一个打样的起订量、生产起订量，同时会对不同的配色制定一定的订量。

采购面料：为系列产品购买面料时需考虑的因素包括：

· **前置时间**：确定可行性以及大货交货的前置时间，特别是在没有现货的情况下，交货前需要对其进行织造、印花、染色以及处理。

· **价格：**面料样品的价格通常比批量的价格要高。生产量大，可以就大货的价格进行协商。

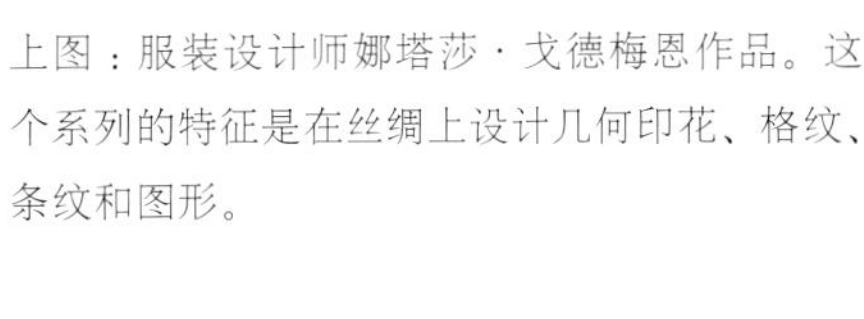

上图：服装设计师娜塔莎·戈德梅恩作品。这个系列的特征是在丝绸上设计几何印花、格纹、条纹和图形。

中图：皇家艺术学院的设计师兼教授正在设计工作室里讨论设计概要——为设计概要选择色彩、面料和故事。

下图：面料代理商和批发商的货品。地板上摆放的牛仔面料样品，展示了牛仔面料的克重和后整理效果。上面悬挂的色卡代表了不同面料的品质和类型可供订购，作为打样和大货生产。

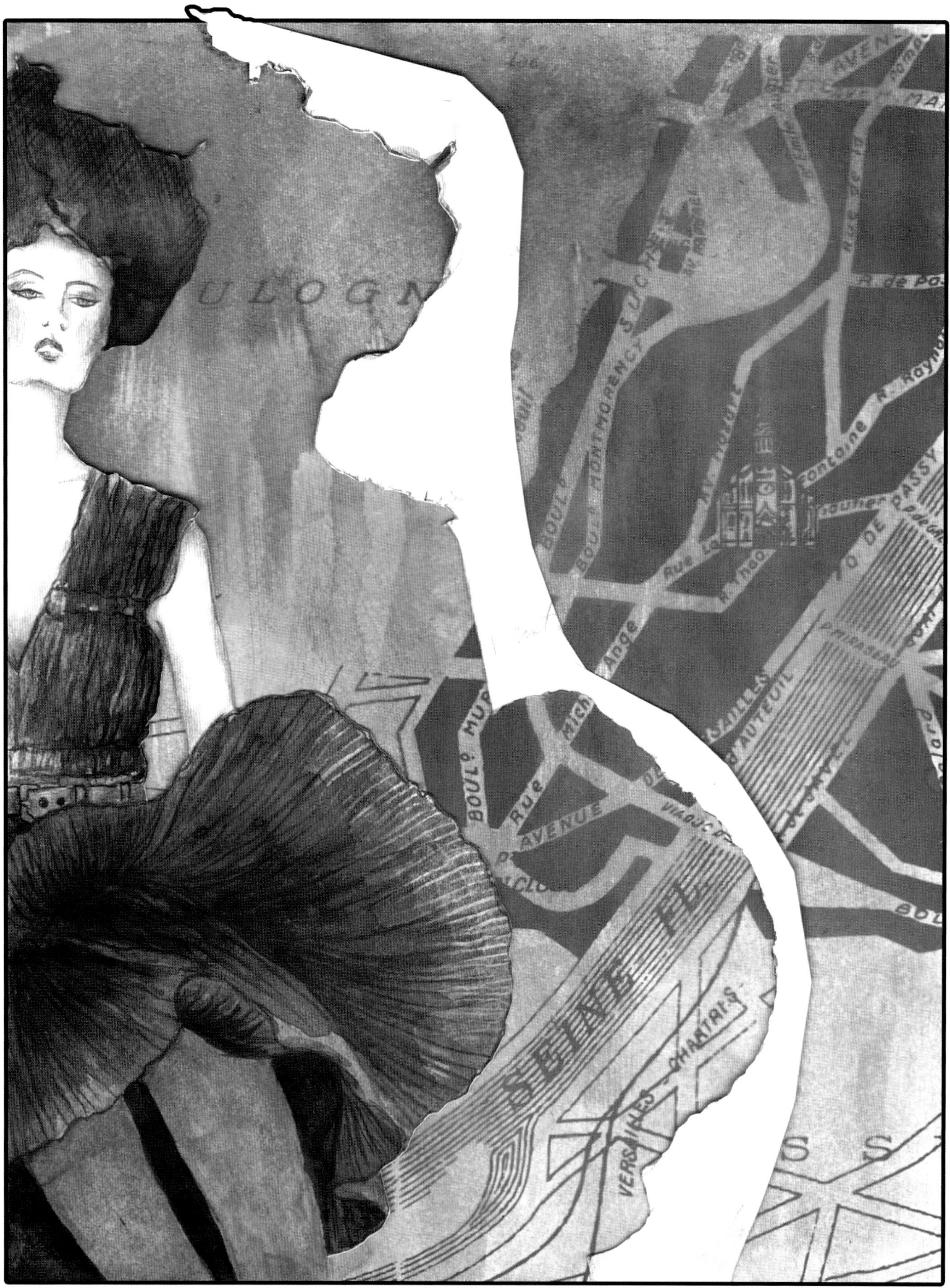
ULOGN
SEINE FL.
VERSAILLES_CHARTRES
AVENUE
D'AUTEUIL
Fontaine
R. de Pa
S S

第六章

廓型、款式和细节 服装的语言

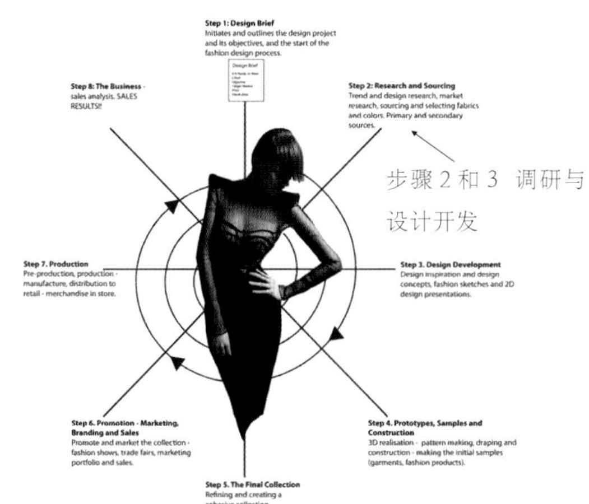
Step 1: Design Brief
Initiates and outlines the design project and its objectives, and the start of the fashion design process.
Design Brief
Step 2: Research and Sourcing
Trend and design research, market research, sourcing and selecting fabrics and colors. Primary and secondary sources.
步骤 2 和 3 调研与设计开发
Step 3. Design Development
Design inspiration and design concepts, fashion sketches and 2D design presentations.
Step 4. Prototypes, Samples and Construction
3D realisation - pattern making, draping and construction - making the initial samples (garments, fashion products).
Step 5. The Final Collection
Refining and creating a cohesive collection.
Step 6. Promotion - Marketing, Branding and Sales
Promote and market the collection - fashion shows, trade fairs, marketing portfolio and sales.
Step 7. Production
Pre-production, production - manufacture, distribution to retail - merchandise in store.
Step 8: The Business - sales analysis. SALES RESULTS!!

图 6.1 服装设计流程图（详见第 11 页）

服装设计师都非常理解这句话：细节决定一切。

在设计开发过程中，服装设计师需要一套手绘或者电脑绘图、时装画和设计技巧去表达和展现他们的设计。除此之外，他们还需要“讲”服装语言——即各种服装廓型、款式和细节。

本章节主要讲述：

· 服装人体模板——勾绘设计的时候将其作为模板使用；

· 平面图——平面图简介以及在服装行业中的运用；

· 服装款式和细节——绘制成平面图的廓型和造型，还可以作为设计开发的指南；

· 服装行业内常用的用于描述款式和细节的词汇和术语。

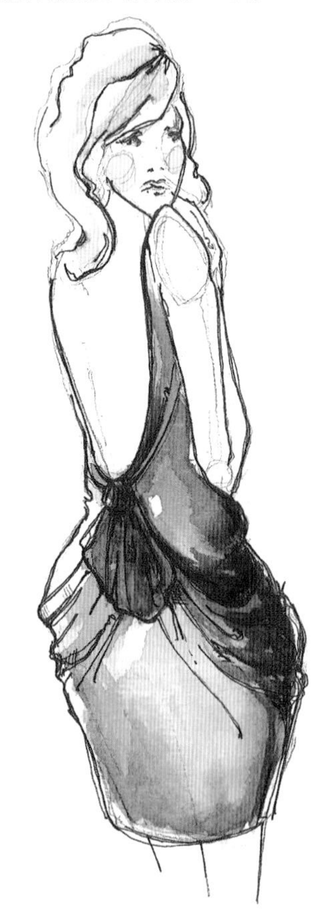

左页图：服装设计师兼时装画家罗拉·克鲁塞马尔克作品，来自巴黎高级定制（www.laurakrusemark.blogspot.com）。

右图：服装设计师崔罗拉·布莱克威尔作品。这件红地毯礼服主要特点是低背式设计，悬垂的腰带以及在裙两侧形成的柔软蓬松的细节效果。

1. 服装人体速写模板（Croquis Figure Template）

“Croquis”是法语词汇，草图的意思。在服装设计中，人体速写模板可以在设计开发阶段的服装绘图、制作工艺单或生产中作为设计参考（参见设计开发章节）。

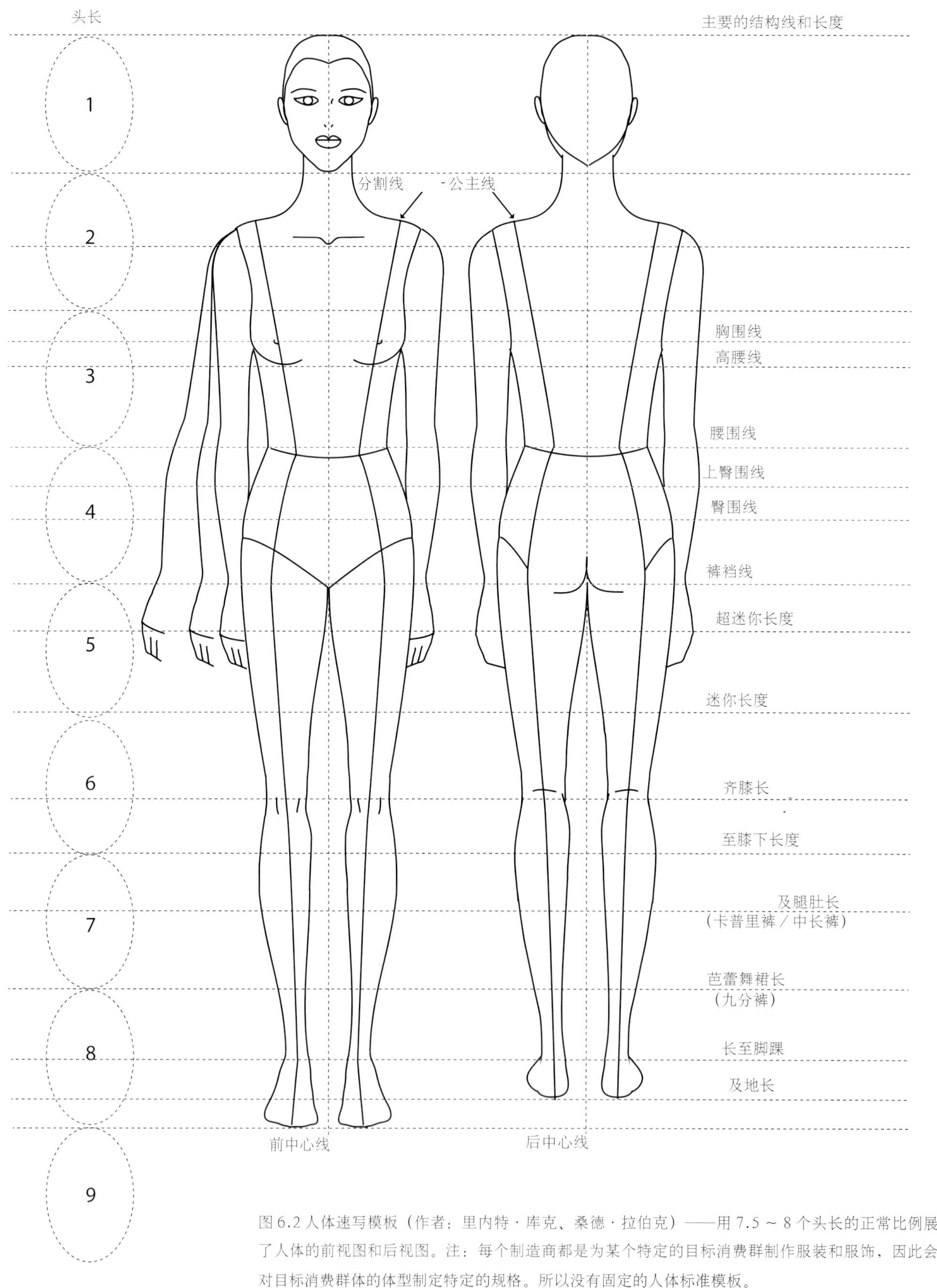

图 6.2 人体速写模板（作者：里内特 · 库克、桑德 · 拉伯克）——用 7.5 ~ 8 个头长的正常比例展示了人体的前视图和后视图。注：每个制造商都是为某个特定的目标消费群制作服装和服饰，因此会针对目标消费群体的体型制定特定的规格。所以没有固定的人体标准模板。

测量人体最标准的方法就是头长——通常一个常规人体的工艺模板比例是 7.5 ~ 8 个头长，而 9 个头长甚至更多（腿部是加长的）主要用于更加风格化的服装效果图或者时装画。图 6.2 人体速写模板的前视图和后视图就是一个常规的人体比例。这些结构线对应着裙装的造型，是打板和制作成衣的基准线，比如胸围线、腰围线、臀围线等。

你可以用这个前后的人体图作为参考，随着绘图熟练程度的增加，就没有必要参考这个图，可以根据自己的习惯勾绘个人适用的人体比例图。

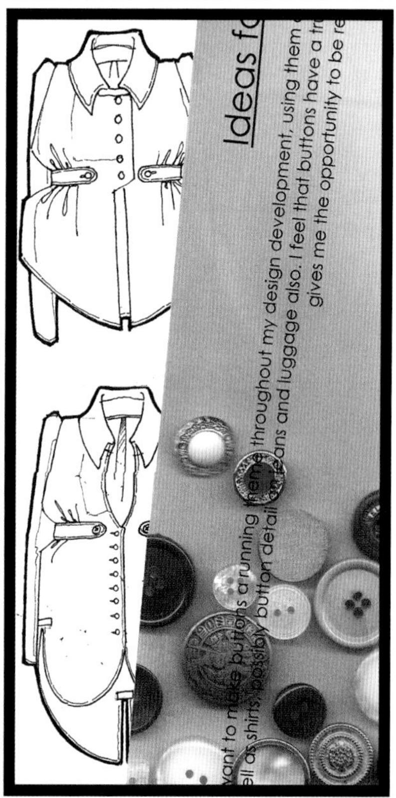

服装设计师艾米·拉宾作品：通过手绘平面图，使设计表达风格更加流畅、艺术化。

2. 平面图

平面图（也叫做设计图或者技术草图）毋庸置疑就是服装的线条图。通常从前、后、侧面来展现服装的效果。

在服装业内，平面图是非常重要的一个沟通工具，设计师、样板师、样衣工和生产团队之间对服装款式和细节的理解和交流都需要使用这个。销售、市场以及买手团队经常使用平面图进行展示工作、制作产品目录和报表等。

平面图是一种**通用的、国际化的服装语言**。对于服装设计师来说勾画精确、恰当比例的平面图是非常重要的。

手绘或者计算机辅助绘图：通常手绘图的线条比计算机绘制出来的效果要流畅得多，每个设计理念都陈述了不同的设计目的，这就决定了绘图方式的不同。比如，如果最终是应用于生产上使用的高度技术含量的绘图，就采用电脑辅助绘图，如果只是用于设计展示突出款式的艺术化风格，手绘图则效果更好。

工艺规格图：经常在制造和生产流程中使用，不会像个性化的服装效果图那样夸张细节，所有细节都按照精确比例绘制，包括全部的结构线，例如缝迹、省道以及款式上的各个细节（口袋、纽扣以及饰边）等。

数码绘图：数码绘图如今已经成为设计师与设计和生产团队，与买手、企划和市场部门进行设计交流、内外沟通最有效的方法之一。

在服装业以及教育领域里，Adobe Illustrator 是一个非常流行实用的矢量图绘图软件，很多服装设计师用它进行起稿和设计表现。

下面这些款式效果图是用 Illustrator 画出来的，当然也可以使用其他矢量图形软件（CorelDRAW、力克公司的 Kaledo）或者手绘。

更多关于款式、缝制细节、平面图和工艺图方面的内容请参见设计开发、设计摘要、设计展示和设计工作室以及附录中设计和生产流程的内容。

3. 服装款式与细节

下面的平面图显示了最基本的服装款式效果和细节。在这个最基本的原型基础上，你可以充分发挥自己的设计和绘图技巧。通过改变廓型、细节、造型以及分割线来进行设计更改。

参见设计开发章节设计元素和设计原则部分的内容。

平面图绘制指南：

· 先从廓型或者轮廓开始，再画细部。

· 从上而下构图，以获取准确的廓型。

· 手绘可以借助直尺和曲线板绘出流畅准确的线条。

· 服装的左右对称部分，可以先画好一侧，然后复制到另一面。如果是手绘的话，画好一侧，然后沿着中间折线，用半透明纸或者复写纸描图。

使用 Illustrator 在电脑上操作：选择 – 复制 – 就地粘贴 – 镜像

· 在方格纸上绘图可以得到比较精确的比例。

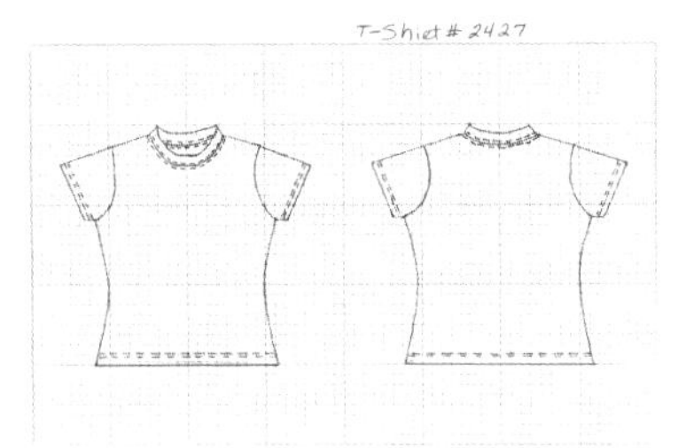

比基尼 / 内衣

连体式

长款分体式

短款分体式

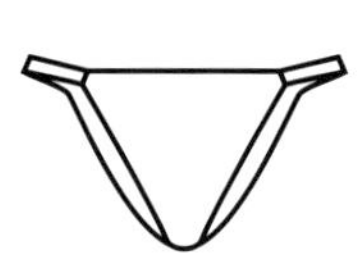
比基尼

这些比基尼 / 内衣的款式和廓型还可以用来设计女式贴身衣裤或内衣的基本款，比如：紧身连体衣、贴身背心、低腰三角裤、运动胸衣和高裤脚三角裤或运动短裤、三点式胸衣和丁字裤。

最上图：服装设计师崔罗拉 · 布莱克威尔的女装系列。

中图：服装设计导师莎莉 · 史库柏绘制的 T 恤衫方格纸绘图示例

连衣裙

平面图由皮特·伊普提供（fashionary - http：//fashionary.org）

连衣裙——这些连衣裙的款式和廓型具有以下特点：

合体性：省、裙摆造型、公主线、腰接缝、对称性、叠襟方式、塔克褶、悬垂性、高腰线、褶裥。

衣领和领型：圆领、背心领、中式立领、方形领、船领、衬衫领。

袖子和袖克夫：无袖、上袖、扣襻。

细节特征：系带式叠襟、盘扣、包边式领圈、衬衫款式细节、无带塑型款（新娘装）。

衬衫和上装

衬衫和上装——这些衬衫、罩衫和上衣的款式和廓型具有以下细节方面的特征：

领子和领圈：衬衫领、圆角衬衫领、燕子领、polo 领、圆形领圈、立领、海军领。

袖子和袖克夫：衬衫袖、喇叭袖、插肩袖、溜肩袖、纽扣袖口、卷袖口/翼形袖口、带松紧的袖口边、双荷叶边袖、包边袖、滚边袖等。

口袋：胸袋、带盖贴袋、纽扣贴袋。

细节特征：前胸打褶、荷叶边前纽扣、喇叭型腰部细褶、领部系带、非对称侧门襟按纽、松紧带式细节。

下装裙子

裙装——这些裙装的款式和廓型具有以下特点：

造型和分割线：省、细褶、塔克褶、褶裥、垂褶、斜裁、裆布褶、剑褶。

腰头：常规腰头、低腰头、高腰头。

口袋：前臀袋／前下插袋、垂褶口袋。

闭合和固定方式：前门襟、侧系纽腰头、打结腰带、系带式围裹。

细节特征：前侧开衩、明缝线迹、牛仔风格、侧部打结前面围裹式、手帕式底摆。

裤装

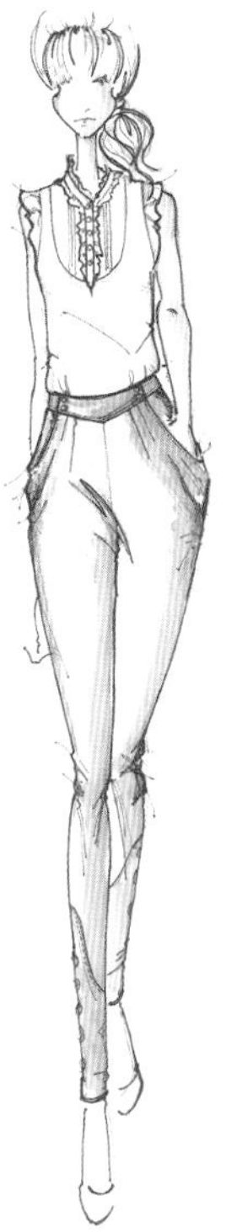

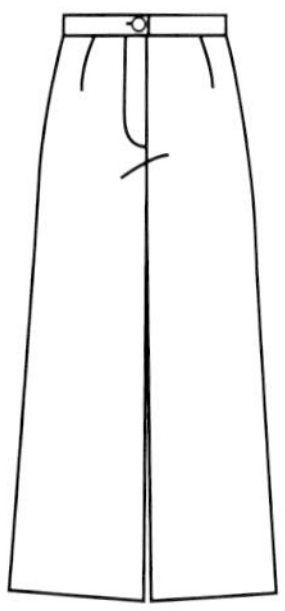

宽腿裤

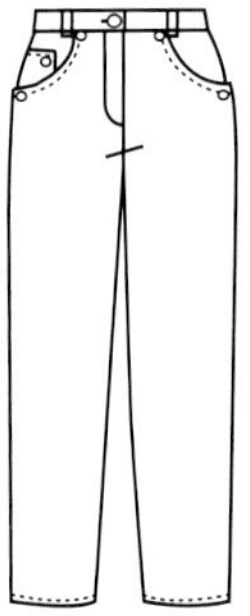

5 袋牛仔裤

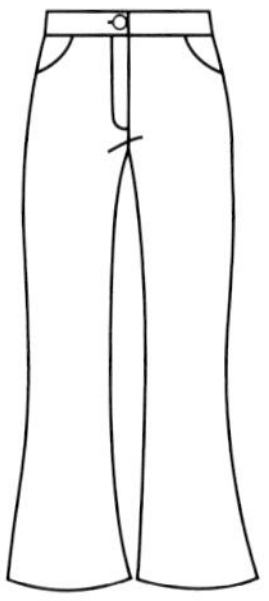

微喇牛仔裤

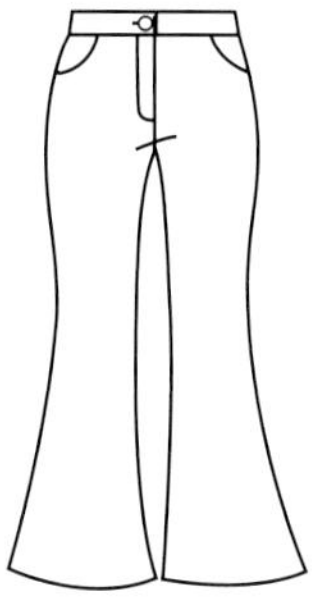

喇叭裤

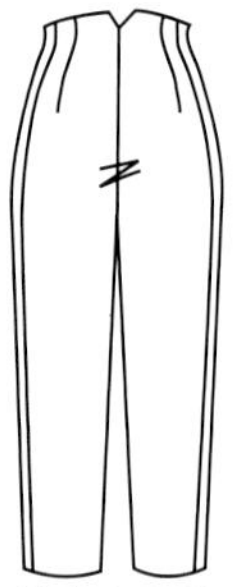

塔士多长裤／高腰裤

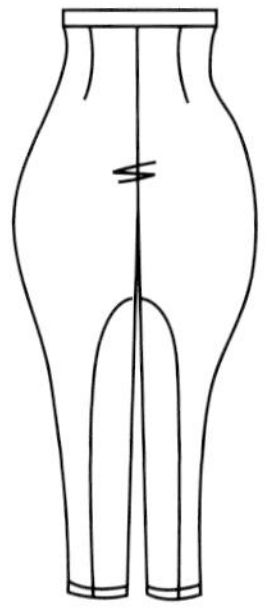

马裤（高腰）

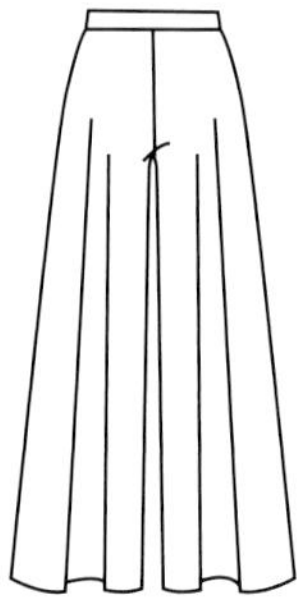

阔腿裤

水手裤

哈伦裤

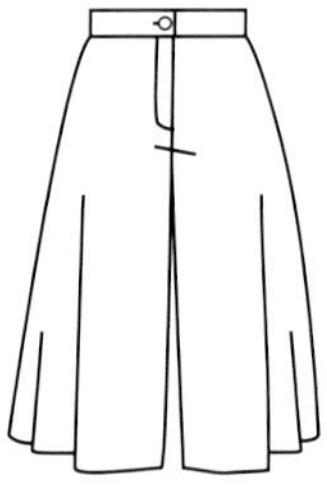

裙裤

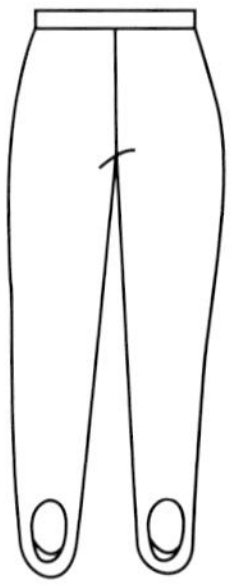

踏脚裤

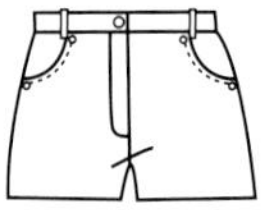

短裤

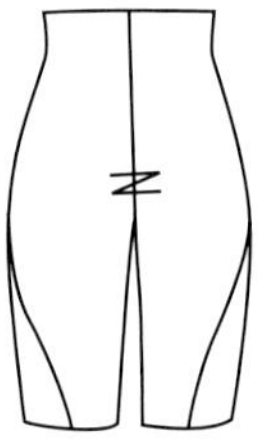

单车裤／骑行短裤（弹力面料）

松紧裤

运动裤／田径裤

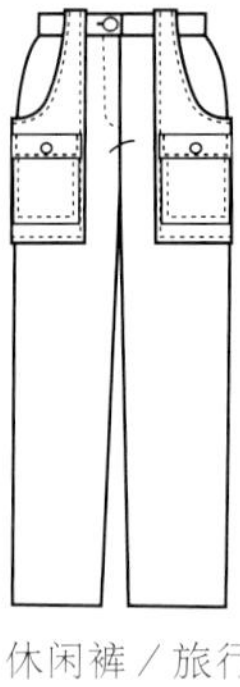

休闲裤／旅行裤

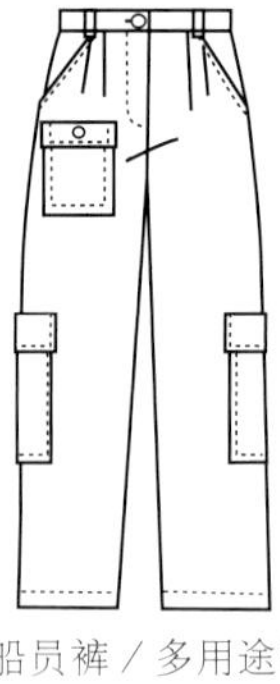

船员裤／多用途裤

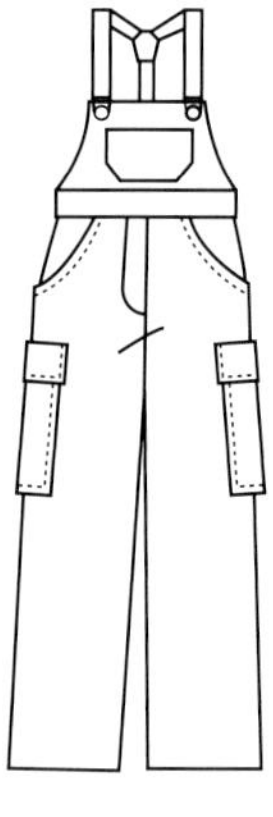

美式工作服

裤装——这些裤装款式和廓型具有以下特点：

腰头：高腰头、弹性腰头。

口袋：前弧形袋、斜袋、大贴袋、带盖贴布袋。

闭合和固定方式：前中拉链、前中系纽、抽绳／系带。

细节特征：明缝线迹、牛仔撞钉、收褶下摆加克夫效果、弹性裤口、工作服的背带和搭扣组合。

茄克 / 外套——这些茄克外套的款式和廓型具有以下特点：

领子和领圈：西装领 / 平驳领 / 翻领、戗驳领、立领、圆领口、翻领、连帽。

袖子和克夫：装袖、西装两片袖、一片袖、插肩袖、纽扣袖口、松紧袖口。

口袋：带盖口袋（有纽扣）、褶饰口袋、直袋 / 斜袋、双嵌 / 单嵌袋、袋鼠袋 / 荷包袋。

前身收紧、闭合方式：前中单排纽、双排纽、不对称门襟、前中隐形拉链、前中系纽。

细节特征：明缝线迹，夹棉，利用抽绳、襻等扣紧收腰。

领围线和领型

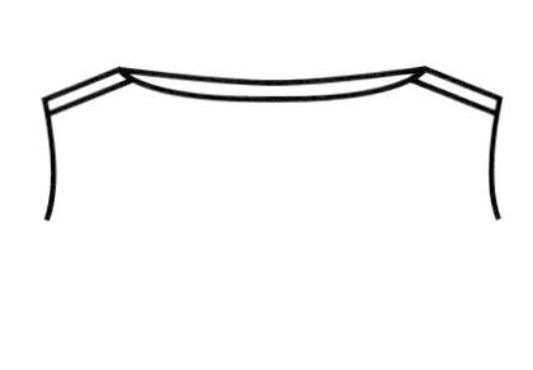
船领

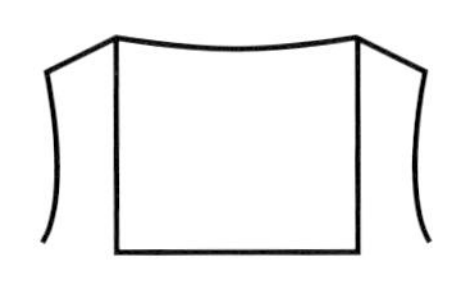
方型领

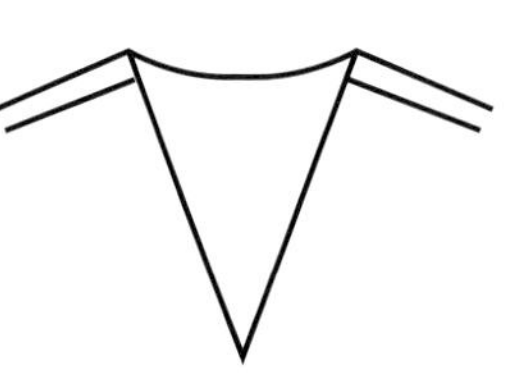
V 型领

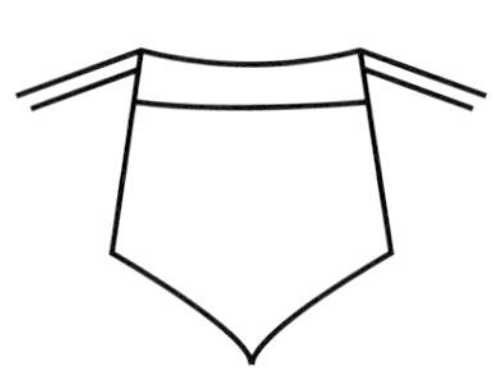
心形领

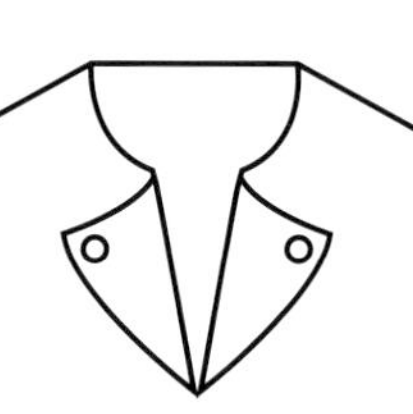
翻领（开衩领）

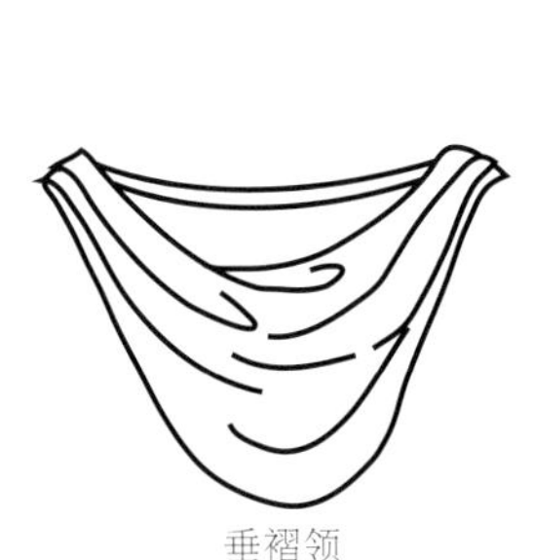
垂褶领

乌龟领或马球领（英国）

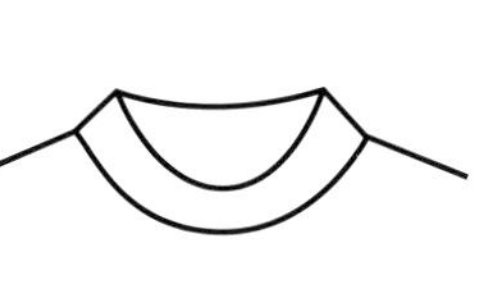
水手领

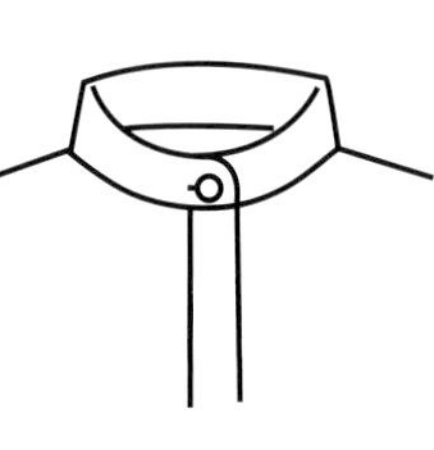
立领

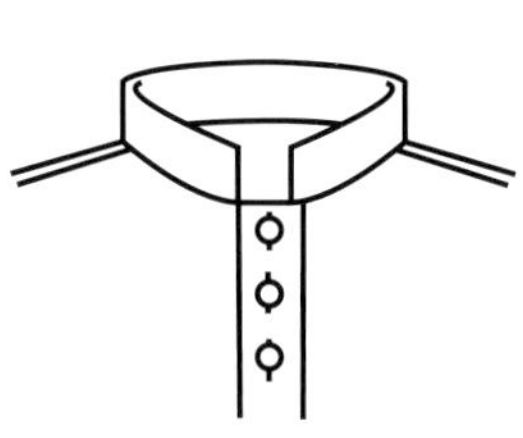
中式领

围巾式领

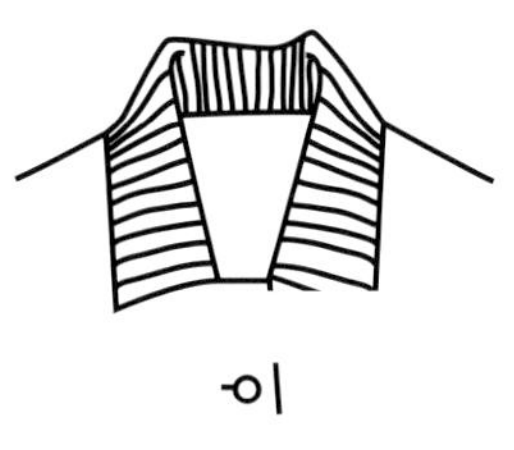
罗纹领

小圆领

常规衬衫领

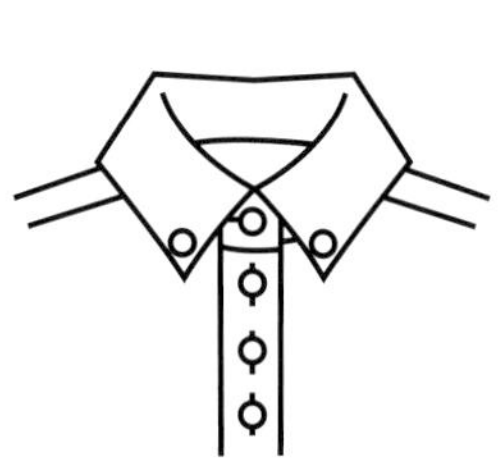
带扣尖领

低领尖式

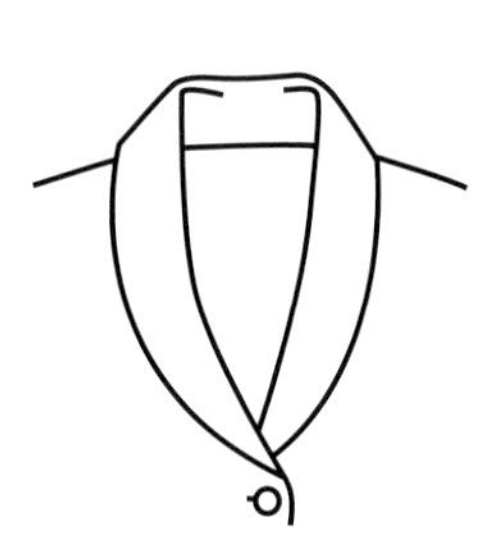
披肩领

平驳领

西装领

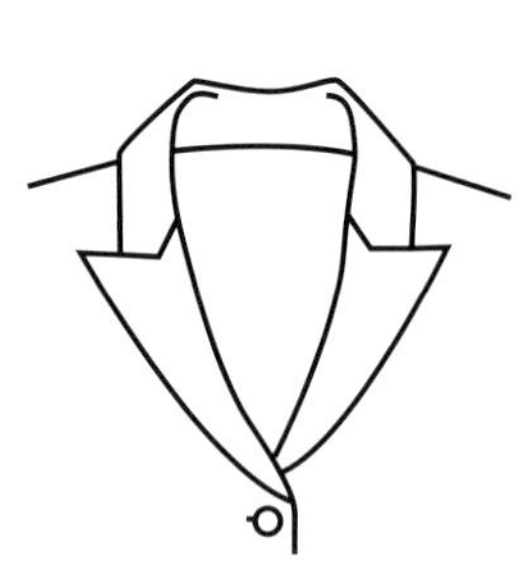
戗驳领

克夫／袖口

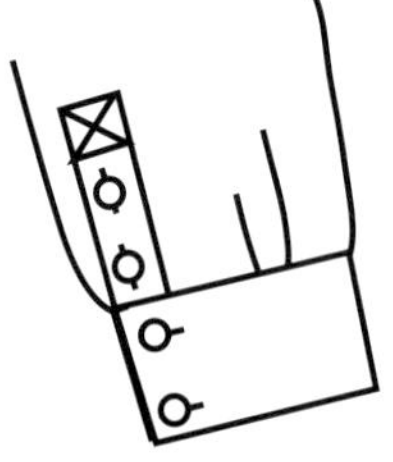
袖衩

翼形袖口

罗纹袖口

扣纽克夫

荷叶边袖口

口袋

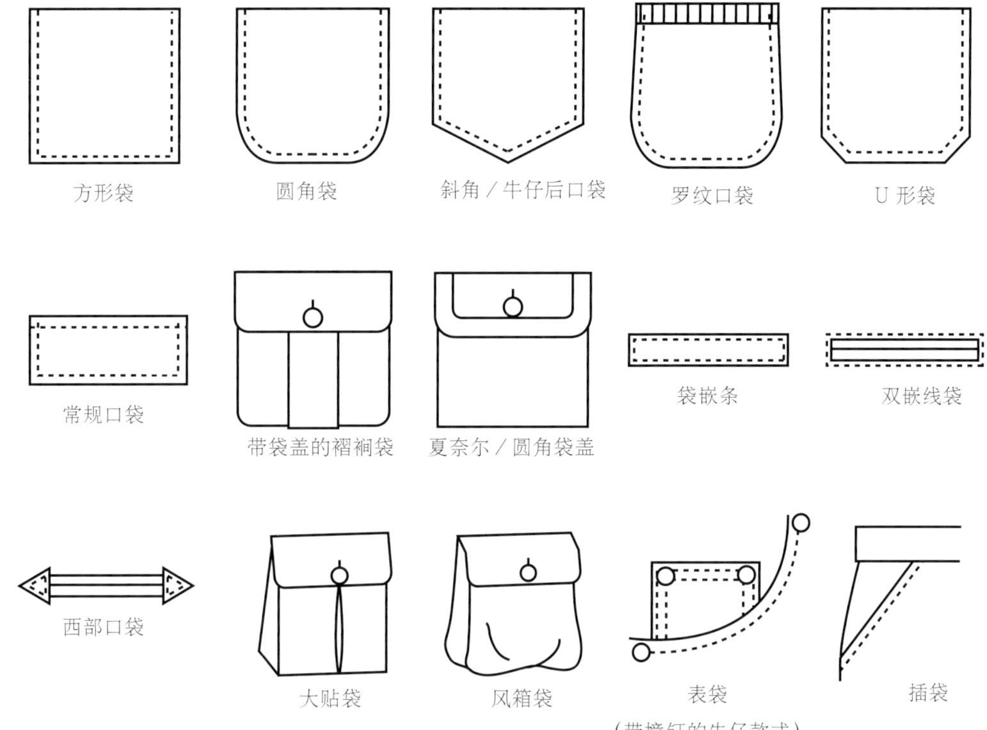

更多的信息请参阅：

桑德拉·伯克编著的《美国时装画技法完全教程》服装设计的章节。

服装设计师艾米·拉宾作品。将不同的服装和细节照片综合展示，其中一些图片以手绘勾勒，以突出艺术效果。设计的成品照片通常与工艺图一起表现服装的比例和细节，还可以用来制作产品目录册、宣传画册等。

REQUIEM

Sur l'autoroute de l'enfer, les Émokids enfourchent la moto du diable. Volants et col fraise à ruchers pour les filles qui jouent une esthétique XIXème modernisée par un porter trash. Blouson Racing épaulé avec applications de flammes, denim souple chahuté de détails motard (genouillère matelassée, laçages sur néo-perfecto denim ou cuir pour le garçon.

On the highway of no return, Emokids take off on the devil's motorcycle. Ruffles and ruff collars for girls who play up a 19th century esthetic modernized in a « trashy » look. Big-shouldered racing blouson with appliqued flames, supple denim jolted by biker details (quilted knee bands, laced neo-perfectos in denim or leather for boys).

HIGHWAY TO HELL

La gamme est lyrique, comme noircie : les 3 pastels neutres, bien qu'ensevelis dans la profondeur du marron / noir, sont éclairés par le jaune luminescent. A noter, une nouvelle harmonie rose/jaune.

The color range is lyrical and appears blackened : 3 neutral pastels buried under deep browns and blacks, lightened up by luminous yellow. We note a new, pink/yellow harmony.

12-0632 TPX

02

01

00

03

Col renaissance noué
Knotted Renaissance collar

Impression Émo/Black métal sur sweat-shirt couleur
Emo/Black metal print on a colored sweatshirt

Applications "flammes" sur blouson motard en cuir
« Flame » appliqués on leather motorcycle blouson

Robe en mousseline, doublure contrastée
Chiffon dress, contrast lining

Jouer les détails motard sur le jeanswear : genouillères matelassées, laçages...
Play biker details on jeanswear : quilted knee bands, lacings ...

14 PROMOSTYL

第七章

服装市场与客户

“我从事结构，但是不拘泥于结构并赋予我独有的特色。我热衷于挑战自己，创造出真正的摩登服装，展现女人的个性和时尚感。”

——王薇薇

总体来说，服装市场范畴非常广并且多样化，包含了各种不同因素，涉及不同的市场层次，涵盖了各种服装产品类别和不同类型的消费群体。

基于以上，本章节将从以下几个标题着手讲述服装市场的主要内容：

· 服装市场概述；

· 高级定制、高级成衣、大众成衣；

· 服装产品类别；

· 市场细分；

· 为市场需求而设计。

服装市场的多样性就意味着服装品牌、服装设计师必然会专注于某一个领域，寻找细分市场，瞄准目标消费群，开发特色的服装产品。

广义上对服装市场的了解有助于更好地识别和开发适合你兴趣的目标市场和机会。

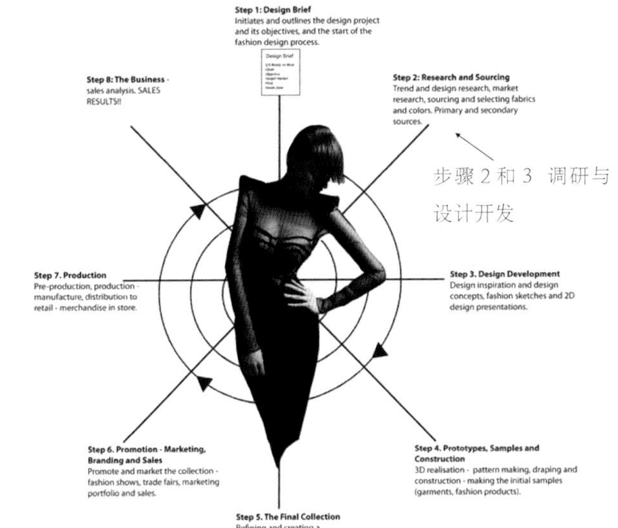
Step 1: Design Brief
Initiates and outlines the design project and its objectives, and the start of the fashion design process.
Design Brief
Step 2: Research and Sourcing
Trend and design research, market research, sourcing and selecting fabrics and colors. Primary and secondary sources.
步骤 2 和 3 调研与设计开发
Step 3. Design Development
Design inspiration and design concepts, fashion sketches and 2D design presentations.
Step 4. Prototypes, Samples and Construction
3D realisation - pattern making, draping and construction - making the initial samples (garments, fashion products).
Step 5. The Final Collection
Refining and creating a cohesive collection.
Step 6. Promotion - Marketing, Branding and Sales
Promote and market the collection - fashion shows, trade fairs, marketing portfolio and sales.
Step 7. Production
Pre-production, production - manufacture, distribution to retail - merchandise in store.
Step 8: The Business - sales analysis. SALES RESULTS!!

图 7.1 服装设计流程图（详见第 11 页）

BALENCIAGA

左页图：由法国 Promostyl 公司提供的冬季趋势发布中的青年市场主题“安魂曲——地狱公路”。

右图：服装设计师兼时装画家里德维尼·格罗斯布瓦作品——巴黎世家成衣秀。

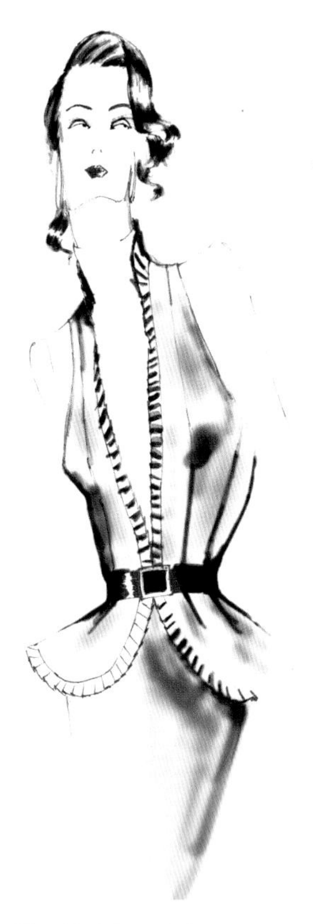

服装设计师兼时装画家杰西·露露作品：高级服装定制效果图。很多知名设计师涉及多个层次的服装产品，如香奈儿的卡尔·拉格菲尔德、迪奥的约翰·加里阿诺、马丁·马吉拉，他们不仅设计高级定制服装，同时也设计成衣。

1. 服装市场

服装市场可以划分为以下四个不同的分支：

· 市场级别；

· 市场板块；

· 服装产品类别；

· 消费群体特征；

服装市场级别包括三个不同的种类：

· 高级定制；

· 高级成衣；

· 大众成衣；

这三类市场层次涵盖了从高级定制到大众成衣之间的范围，高级定制提供最个性化、在设计创意和品质方面最高级别、因而价格也最为昂贵的服装。大众成衣则在设计上更大众化，价格最低廉，最具有商业性。

服装市场板块主要包括以下三块：

· 女装（也是最大的）

· 男装

· 童装

服装产品类别包括很多细分类。其中女装最主要的三个部分是日装、晚装和内衣。

最后一个内容消费群体特征是十分关键的要素，通过这个部分，所有品牌可以充分了解自己的目标市场以及不同类型顾客的需求和期望。

图 7.2 显示了服装市场的简单细分。其中列出的一个设计概要，图释了设计概要是如何结合上述的四项要素（市场级别、市场板块、服装产品类别、消费群体特征）而形成的。

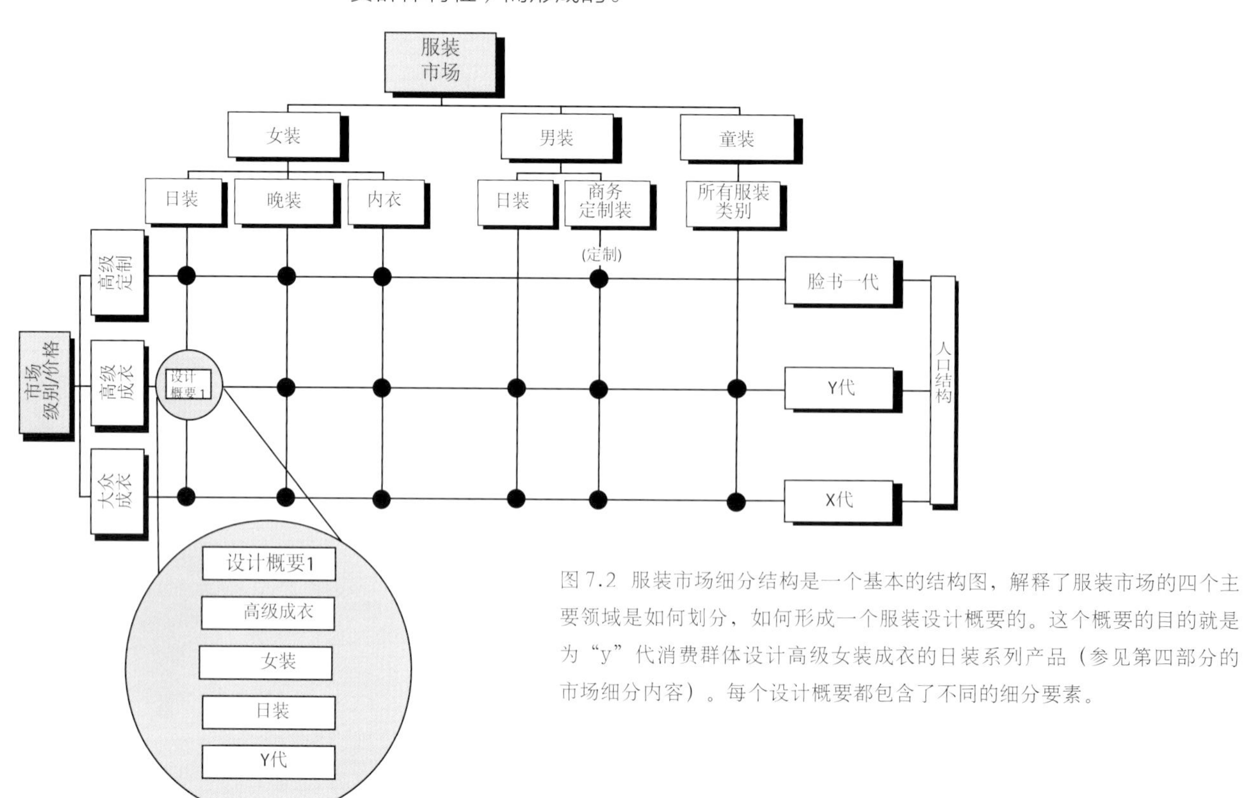

图 7.2 服装市场细分结构是一个基本的结构图，解释了服装市场的四个主要领域是如何划分，如何形成一个服装设计概要的。这个概要的目的就是为“y”代消费群体设计高级女装成衣的日装系列产品（参见第四部分的市场细分内容）。每个设计概要都包含了不同的细分要素。

2. 高级定制、高级成衣和大众成衣

高级定制（法语“高级缝制”的意思）：绝对属于奢侈类服装市场的最顶端，也是服装级别中最负盛名的。独一无二的设计，专门为富裕的消费群体量身定做，采用最奢华的面料，由技术最精湛的工艺师裁剪和缝制（纸样裁剪师、缝制师、专门制作蕾丝、珠片和绣花等的工艺师）。没有高级定制，很多专业的工艺技能和手艺都会失传。

成为一个正式合格的高级定制公司，设计师或者公司必须成为法国高级时装协会的会员。这个协会是由法国工业部管理的位于巴黎的团体，吸收了很多国际时装设计师。

巴黎高级定制时装秀每年举行两次，分别在一月和七月，包括日装和晚装。夏奈尔、迪奥、纪梵希、让·保罗·高提耶以及华伦天奴就是其中很有名气的服装设计公司和高级定制设计师。

如今全套服装消费在几千美金甚至更多的高级定制，也只有那些有足够经济基础并且非常成熟的女性群体才能承担。即便拥有如此小众的消费群体，高级定制仍是服装产业中非常重要的组成部分，它极大地推动了设计创意与革新。同时，它也是推广品牌系列中其他产品（成衣系列、化妆品、香水、配件，以及其他延伸产品）的渠道。

高级成衣和设计师系列

这个级别的设计有较广泛的市场，适用那些要求高标准服装的消费群体，他们对款式、原创性、面料和设计质量都有要求。这些设计并不是专门为某一个客户而做，而是以一定的标准尺寸、一定的数量生产，因此高级成衣没有高级定制那么昂贵。高级定制时装公司通常也会制作成衣系列来促进销量增加市场份额。高级成衣这个范畴涵盖了高级品牌到独立的成衣设计师品牌。

高级成衣秀一年举办两次，在高级定制时装秀之后发布，一般都在有名的时装之都纽约、伦敦、米兰和巴黎的时装周上举行。如今越来越多的世界各地的其他城市如香港、悉尼、开普敦等地也都举办各自的成衣秀。这个级别的高级成衣设计师非常之多，因此竞争也异常激烈。

高级奢侈品牌和国际化集团包括：LVHM（酩悦·轩尼诗－路易·威登集团）和GUCCI集团。这些公司扩大了他们的“版图”，旗下拥有众多服装品牌以及公司，产品更涉及化妆品、香水以及配饰等。

副线品牌和设计师：有一定的名气但是还没有达到高级品牌的状态。通常在发布会上展示他们的产品系列，也会与高街店铺合作。销售方式有批发、特许经营（百货店）或者专卖店，例如美国的安·泰勒，英国的朱利安·麦克唐纳德。

独立设计师品牌：典型的小团体合作，或者是一个服装设计师／企业家独立经营。独立的设计师通常在整个流程中都要参与，从设计到生产、销售和市场。在服装周上，设计师们可能通过发布会来展示自己的产品系列，有一个展台，或者找代理公司进行推广。

服装设计师兼时装画家罗拉·克鲁塞马尔克作品，绘制了薇薇安·韦斯特伍德品牌的一个成衣设计。

Savile Row——伦敦定制公司的品牌标识‘40Savile Row’，为眼光独到的客户制作上乘服装，量身定制。

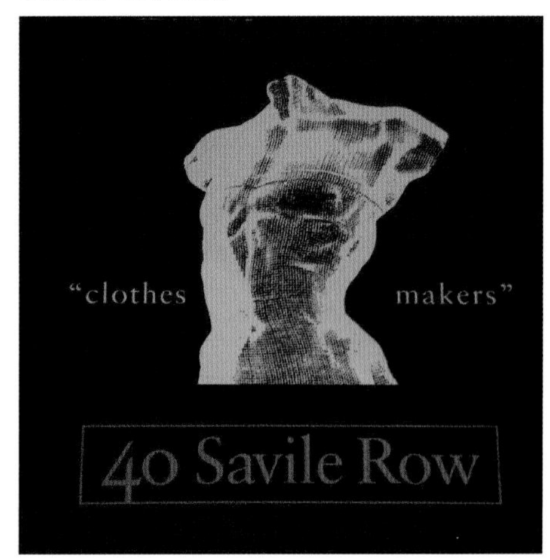

大众成衣：从快时尚、高街时尚到超级市场，大众成衣为目前最大的服装市场。由于采用便宜的面料和大批量生产模式，产品价格低廉，适用于更大范围的消费群体。

时尚变化速度非常快，这个级别的服装设计师要经常看发布会，抓住流行趋势做出最快的反应。由于这种批量化生产模式的特点，从设计到销售只要几周之内就可以完成。这种短期的设计和生产循环就是所谓的快时尚——Zara 就是快时尚模式的最佳代表。

表格 7.1 详述了这三个市场级别。越是了解服装市场的多样性，就越容易理解市场细分的重要性。

注意：由于高级定制、高级成衣的设计师以及超级品牌也会通过为不是很高端的市场做设计来捕获和了解市场信息。对于不同市场级别的定义有时候并不是很清晰。

服装设计师琳达·洛根作品：中端服装系列设计，宽松的剪裁、飘逸的长至脚踝的连衣裙展现了自然的优雅。

市场级别	价格	品牌／店铺	风格／目标市场
高级定制	非常昂贵	夏奈尔、迪奥、纪梵希、让·保罗·高提耶、马丁·马吉拉	各方面高品质，通常消费群体比较成熟稳定
高级成衣，设计师品牌	昂贵	浪凡、普拉达、杜嘉班纳、卡尔文·克莱恩、川久保玲	上乘面料，高端时尚，富裕的消费群体
奢侈品牌	昂贵，但是也有一些价格可承受的产品线	LVMH（路易威登、芬迪、璞琪、纪梵希），Gucci(伊夫·圣罗兰、宝诗龙、亚历山大·麦昆、斯特拉·麦卡特尼），巴宝莉	重品质，奢华类，富裕的消费群体
中端（英式说法），潮牌（美式说法）	比高级成衣价格低	代理，特许经营，自主经营，唐纳卡伦的 DKNY，拉尔夫·劳伦的 Lauren	面料优良，高端设计，良好的设计风貌
独立设计师，独立经营品牌	昂贵	精品店，百货店——英国的塞尔福里奇百货公司，纽约的 Saks 百货	面料优良，高端设计，设计风格前卫
现代流行（美式）	比高级成衣价格低	Bisou Bisou，Betsey Johnson	走在流行趋势前沿，前卫，目标消费群是年轻人
中高档（美式）	设计师品牌中的最低端	Jones New York，丽资克莱本	面料优良，时尚度适中
高街（英式），休闲装，中等（美式）	中等	Topshop、Zara、French Connection、Levis、H&M、Gap、Mango	主流时尚来自于高端前沿，走在时尚前沿，受流行驱动
超级市场，价格低廉，大众市场	便宜	英国 Asda 集团的 George，Tesco 集团的 Cherokee、Target、Sears(美国)	由流行款式衍生而来，消费群体广泛——质量要求不高，快时尚
折扣商店	设计师品牌／高端产品中的最低端	英国的 TK Maxx，美国的 TJ MAXX——设计师品牌	知名品牌的尾货、库存或者利用库存面料为那些喜欢名牌但是却没有足够经济能力的消费群体特别设计

3. 服装产品的分类

服装市场的产品分类众多，从休闲装、牛仔装到鞋类、配饰等等。

表格 7.2 介绍了一些主要的服装产品分类以及如何与三个关键的市场级别进行搭配。这些服装分类可以继续细分为小码、中码、大码、加大码等或者某个单独的服装类型（礼服、上装、裙子等）。

这个表格也告诉你，作为一个服装设计师应如何寻找自己的专属领域。

服装设计师凯瑟琳·霍普金斯作品：新娘装情绪板。随着名人婚礼作为头条大肆报道，很多待嫁新娘愿意在她们的婚礼上斥巨资；这个市场非常火爆，每年全球都会举办无数婚庆展会。

领域／产品类别	服装市场级别
女式日装	高级定制，高级成衣，大众成衣
女式晚礼服／场合装	高级定制，高级成衣，大众成衣
女式贴身内衣	高级定制，高级成衣，大众成衣
休闲装、运动装（美式）	高级成衣，大众成衣
牛仔装、外出服	高级成衣，大众成衣
运动装、泳装、沙滩装	高级成衣，大众成衣
针织服装	高级成衣，大众成衣
外套	高级成衣，大众成衣
新娘装	高级定制，高级成衣，大众成衣
配饰、包、皮带、眼镜、珠宝、帽子	高级定制，高级成衣，大众成衣
鞋子	高级定制，高级成衣，大众量成衣
男装	定做服，高级成衣，大众成衣
青少年装、少女装、少男装、童装、婴幼儿装	高级成衣，大众成衣
其他专业产品领域——职业装、旅游服、度假服、节日服装、周末装、搭配装、专业运动服、冲浪服、孕妇装、工作服、特殊要求服装、加大码、加长／收短码、青年装、学生装、学士服	

表格 7.2 产品类别和市场细分——列出了主要的服装产品类别／领域和相关的市场级别之间的关系。

4. 市场细分

市场细分其实就是将市场划分为一个个部分，每个部分有不同的消费群体，每个消费群体的需求、要求和购买力也不同。细分是一个公司进行市场推广和销售策略的重要内容，它通过一个明晰的方法去识别、分析和了解目标市场（消费群体），预测公司潜在的增长力。其中市场分析和数据统计的工作由市场调研员完成。

市场营销公司一直致力于寻求分析市场的新方法。下面为常见的细分方法：

人口结构细分：以测量统计和人口调研为基础，可以按照性别、年龄、收入、职业、教育水平、种族、地理位置和生活方式进行细分。例如，一个 18 岁的单身职业女性和一个 40 岁的单身职业女性会有不同的服装需求、要求和收入状况。

在各个年龄层的人口统计中，青年市场对市场营销人员来说有着举足轻重的地位，因此会第一个来讲述。

年轻人市场：年龄在 12 ~ 24 岁之间，这部分目标消费群之所以很关键是因为这个群体对时尚高度敏感并引领流行趋势。尽管他们能够支配的收入不多，但是服装消费在他们的日常花费中占据很大的比例。

更重要的是，年轻人市场还可以细分为以下类别：

儿童市场——通常年龄在 8 ~ 12 岁之间；

青少年市场——通常年龄在 13 ~ 19 岁之间；

大学生市场——通常年龄在 18 ~ 21 岁之间；

青年市场——通常年龄在 22 岁以上。

其他的人口结构统计调研还包括：

脸书一代或者称为 F 一代：这一代群体在电子媒介的环境中成长，有自己的脸书和社交网络。

Y 一代（千禧一代，回声潮一代和网际一代）：生于 1977 ~ 1998 年。

X 一代（未知一代，婴儿潮的下一代）：生于 1965 ~ 1976 年。

婴儿潮一代：生于 1946 ~ 1964 年。

老年网民一代：生于 1945 年之前。

注意：这些日期的划分可以根据不同作者而有所不同。

地理细分：基于对地域、规模、人口和环境的分析进行细分，来自城市的消费群体与来自乡下或者郊区的消费群会有不同的需求。

心理细分：基于消费者的态度、生活方式、偏好和兴趣、价值观及想法来进行细分。

右图：时装画家兼设计师娜塔莎・戈德梅恩作品。知性／休闲、经典风情款，中性风格，适用消费群年龄在 22 岁以上。

右页图：Promostyle 公司提供，来自于他们的年轻市场冬季趋势发布册，主题“安魂曲——地狱公路”。

行为细分：根据消费者对品牌所作出的行为进行划分——第一次购买还是常规购买，包括品牌忠诚度、购买用途、追求的目标以及购买准备程度（每周购买一次或者仅仅是为了某个场合所购）。消费群体可以划分为以下类型：

·时尚的追随者，忠诚度高／回头客，他们信任某个特定的品牌所提供的产品系列是最好的，或者是最齐全最完备的。很多公司会为这些顾客提供储值卡和特殊的折扣以鼓励更多的消费者成为老客户。

·潮流的引导者或者时尚的弄潮儿总是了解最新的流行趋势，甚至包括名人名士的穿着。他们乐于自己搭配整合，有时也会引领一个新的趋势。他们并不忠于品牌，可以从不同级别的市场或者从不同品牌那里购买服装，从 Gucci 到 Zara 店，从古董店到街边小摊。

·服装流行趋势中第一个和最后一个“吃螃蟹”的人。

市场调研员一直致力于寻找不同的方法来获取准确信息去维护或者扩大他们的顾客群。例如，调研职业女性、在家工作的或者肥胖体型的女性群体的期望和要求。

5. 为市场需求而设计

在之前的章节我们已经讲述了人口结构，这部分内容将会重点讲述一些帮助你进一步确定目标市场和消费群体的要点。

服装从设计到生产，需要周详的计划、创意、各种资源以及财力的大量投入。作为一个服装设计师，了解为谁设计、为什么设计尤为重要，它帮助你做出更加明智的设计决策。更重要的是，你需要保证你的产品系列是一个成功的设计，一个顾客想要购买的设计。在设计过程中，你需要考虑以下因素：

· 顾客或者客户想要什么，需要什么。顾客可能很想要一款最新的夏奈尔包包，但是实际上他们并不需要它。

· 为什么顾客想要这个产品？是因为广告推广，他们看到名人穿着这个产品？他们以前是否从这个品牌中购买过类似的产品呢？

· 顾客愿意付多少钱去购买这个产品？是否有价格上限？

· 顾客去哪里购买？哪个位置？他们是为你而来的私人客户？他们是通过零售店、网店产品目录册来购买么？

· 顾客什么时候购买？当季，每个月的某一时间，发薪日还是特殊的场合？

销售数据和分析： 分析公司的销售数据，根据店里的问卷调查、小组讨论、客户服务部的报告收集信息，借助于市场咨询公司提供的广泛的报告和数据统计（市场细分）可以更有效地识别目标消费群体，了解消费群对自己的产品系列是如何反应的。

服装零售和竞争： 服装零售是时尚的“橱窗”，是设计理念到顾客之间整个供应链的最后一个环节。服装零售业涉及采购、销售、产品陈列几个内容，是产品、制造商和顾客之间的桥梁。这个“橱窗”可以是一个零售店、设计工作室、街边摊、产品目录册（邮寄订单），甚至是数字化或者虚拟的平台。零售商的目标就是了解消费群体并能吸引他们去购买。

下图：服装设计师乔治娅·赫德莱恩在伦敦和巴黎推出了她的高级成衣系列，她是为那些欣赏形式和雕塑艺术的女性而设计的，正如她所说的，设计就是为那些独具慧眼者所服务。

MY WHITE DRESS SS
styling Ellie Cumming and shot by Sarah Piantadosi.. dress georgia hardinge
shope in all major city's
ON/OFF PARIS SHOW ROOM
Paris Fashion Week, georgia hardinge
ON/OFF PARIS SHOW ROOM
georgia hardinge
Paris Fashion Week, georgia hardinge
MY WHITE DRESS SS

作为设计调研的一部分，巡店是了解市场的有力手段。你需要了解店里陈列哪些货、顾客喜欢买哪些产品、竞争对手提供哪些产品、产品的类型、设计、色彩、面料和价格如何。店铺调研的过程中，你可能会发现一个新的机遇，一个新的设计或者创新产品的市场空白，这就意味着，通过制造一个更加完美或者全新的产品，你可能有机会占领竞争对手的市场份额（竞争优势）。

服装零售店是商业大街、商业区以及大型购物中心的一部分，各种层次都有，包括：

· 个体店和精品店；
· 杂货店、百货店和连锁店；
· 旗舰店、加盟店、店中店、特许经营店；
· 折扣店、工厂店、廉价经销店；
· 市场、设计师品牌；
· 产品目录、邮购订单、电子商务 / 网络销售、易趣。

与很多品牌的经营模式一样，Prada 经营自己的店铺，同时也通过各种零售方式（独立零售店等）销售自己的产品。

从流行到经典：在确定市场和顾客行为的过程中，你会开始理解时尚潮流、流行趋势以及经典时尚之间的区别——服装流行趋势的生命周期（表 7.3），了解你的产品处于这个生命周期的哪个位置对你设计产品系列、如何开发产品组合有着重要作用。例如，如果平衡你的产品范畴，增加一些基本款或者经典款以及流行的前卫款，可以充分发挥产品的销售潜力，最大化地扩展客户群。

表 7.3 服装流行趋势生命周期——显示了销售和流行趋势走向以及消费者是如何接受流行趋势的。
1. 一个服装潮流很快能成为时尚，但它也会以同样的速度消亡。
2. 流行趋势通常先开始盛行并持续几个季节，然后通过面料、印花、颜色等方式的变化以一个新的面貌再度出现。
3. 经典款式通常会在更长的一段时间内流行，即便不是在它最盛行的时候也会继续销售。款式的细节会更新，比如面料、颜色。如果款式落伍了，可能就需要几个季节之后才重新开始流行（双排扣风衣、西式套装、小黑裙）。

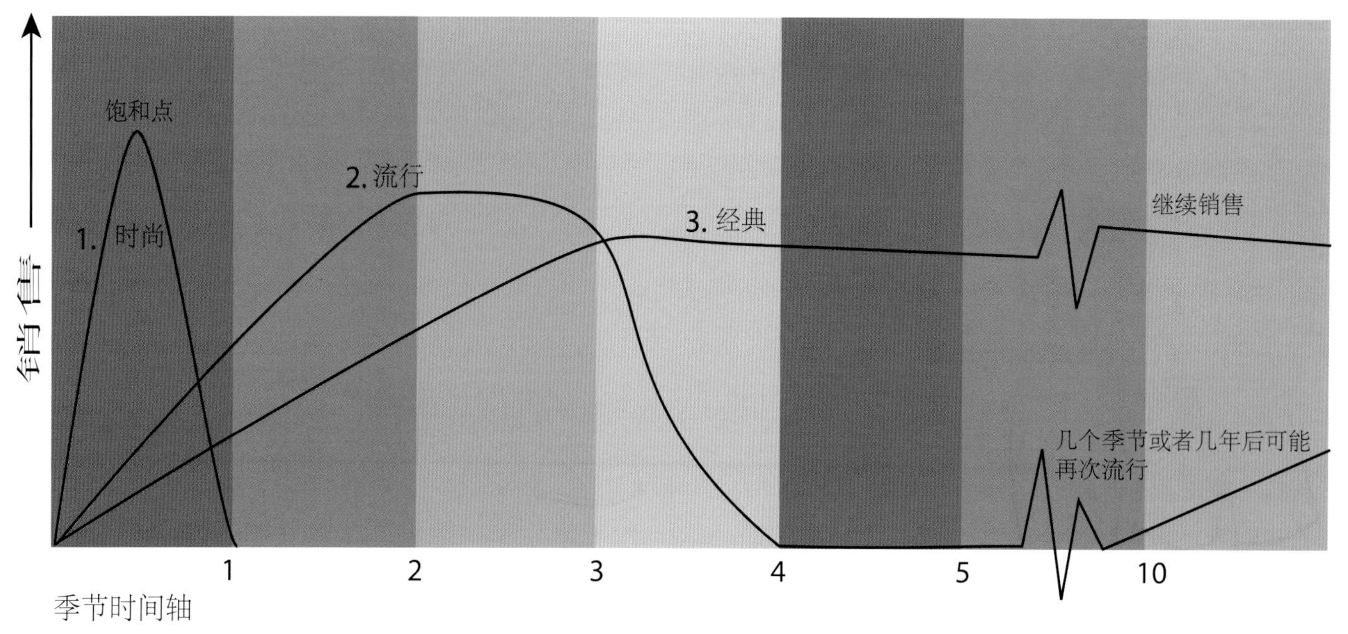

1# REQUIEM

DÉSIR NOIR
Black desire

■ LEE - WOLFORD - JIL SANDER

■ ALEXANDER McQUEEN

■ 迷你披肩，毛领，拉链开合，紧身弹力裙至膝盖以上

■ 骑士风格茄克，迷你裙，网眼效果的上衣

第八章

设计开发
设计要素和原则

■ KARL LAGERFELD

“时装是一门建筑学，它体现的是一系列的比例问题。”

——可可 · 夏奈尔

设计开发阶段结合了市场和流行趋势的调研和分析，以创新的技巧打造出适合市场的设计产品。实现这一步骤，总会有一些准则可以遵循，所有的专业设计师都会或多或少以各种艺术形式使用这些准则，将它们称为设计元素和设计法则。

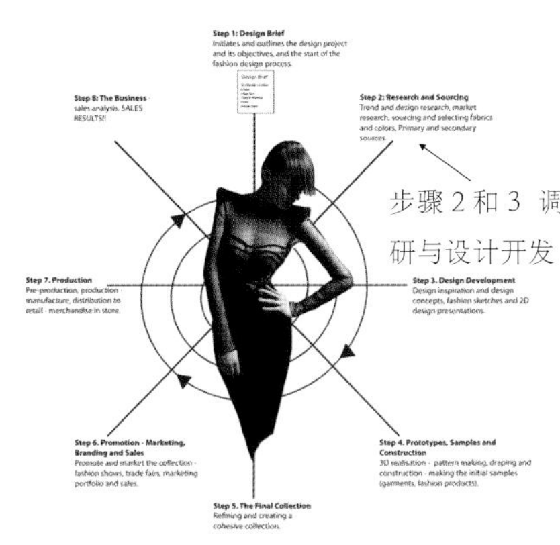
Step 1: Design Brief
Initiates and outlines the design project and its objectives, and the start of the fashion design process.
Step 2: Research and Sourcing
Trend and design research, market research, sourcing and selecting fabrics and colors. Primary and secondary sources.
步骤 2 和 3 调研与设计开发
Step 3. Design Development
Design inspiration and design concepts, fashion sketches and 2D design presentations.
Step 4. Prototypes, Samples and Construction
3D realisation - pattern making, draping and construction - making the initial samples (garments, fashion products).
Step 5. The Final Collection
Refining and creating a cohesive collection.
Step 6. Promotion - Marketing, Branding and Sales
Promote and market the collection - fashion shows, trade fairs, marketing portfolio and sales.
Step 7. Production
Pre-production, production - manufacture, distribution to retail - merchandise in store.
Step 8: The Business -
sales analysis. SALES RESULTS!!

图 8.1 服装设计流程（详见第 11 页）

作为服装设计流程的一部分，本章节将从两部分讲述如何做一个服装设计。首先介绍这些设计准则，它们对架构思路和开发产品系列至关重要，然后以二维的形式来展现设计开发的视觉过程。

讲述的内容包括：

· 设计元素：造型、色彩、线条和肌理；

· 设计法则：比例、平衡、节奏、强调、渐变、对比、协调、统一；

· 开发一个设计：设计草图、绘图工具以及速写本；

· 设计开发案例：连身裙、上装、裤子、套装外套，这些最有潜力成为一个成功的服装系列的一部分。

左页图：由 Promostyle 公司提供，来自于他们的年轻市场冬季趋势目录册，主题“黑色欲望”。

上图：服装设计师里德维尼·格罗斯布瓦作品。当模特走在T台上时，除了廓型，色彩创造了最直接、最有视觉影响力的印象，然后才是线条和肌理形成视觉冲击力。

1. 设计元素和设计法则

这里将通过一个简单的时尚化妆类比来讲述设计元素和设计原则的区别，目标就是从一个模特的脸部裸妆塑造出几个活力四射的面貌。设计元素就是原料——化妆品：粉底、睫毛膏、眼线膏、眼线笔、唇膏等。设计原则就是指导方针，即如何使用这些化妆品去打造出不同的形象。

1.1 设计元素

四个关键元素：廓型、色彩、线条、肌理。

廓型：即一件服装的整体轮廓或者外观，包括造型、体积、形态。这是服装最直接的视觉表现——当模特从T台上走出来的时候给人的第一视觉印象就是服装的整体造型，较之其他细节，它给人的第一视觉冲击力最强烈。

正如我们在历史与文化章节所讲述的，每个时代的流行趋势不同，所演变的服装廓型也各不相同。廓型可以突出整体外形，也可以夸大强调其中的一个不同的部分，还可能引入一个新的突出点、一个新的流行要素。例如，带有窄肩收腰童真造型的服装廓型可以演变为一个更加匀称的造型——带垫肩、小腰、优美臂线的沙漏外形。

色彩：在T台上，除了廓型，色彩是视觉上最突出的要素。它也是店铺中映入顾客眼帘的最直接印象。色彩可以展现非常不同的气氛和感觉（参见色彩和面料章节）。

线条：一个服装的线条与它的裁剪和款式、结构有关。这些线条将服装的外在轮廓分解成若干块面的线条，构造出各种造型（缝线、省、褶皱、褶裥、塔克等）和细节（口袋、克夫、纽扣、拉链、腰带）。线条可硬可软，突出某一特征或者使整体外观产生巨大差异。可以参考以下原则：

· 纵向线通常使体型拉长，显得更加纤细；

· 横向线通常使体型加宽，视觉上看着偏短；

· 曲线或者斜裁线条体现立体造型效果，更加女性化；

· 直线条给人阳刚的男性化感觉，在定制服装中运用直线条可以打造挺括的效果。

肌理：设计中使用的面料和辅材可以打造出不同的设计效果。它们的选择必须符合氛围、款式和目标效果。可以比较一下牛仔面料和丝绸两种材料做成的茄克——两种茄克在人体身上会呈现出不一样的效果，展现不同的风貌（参见色彩和面料章节）。

右页图：服装设计师乔治娅·赫德莱恩作品。在她的“牢笼”系列中突出了服装设计中四大关键元素（廓型、色彩、线条、肌理）。设计师推出服装系列的时候，是服装设计的廓型创造了第一印象，然后是色彩。

1.2 设计法则

八个关键点：比例、平衡、节奏、强调、渐变、对比、协调、统一。

比例：在服装设计中指的是各个细节的尺寸比、各个部件之间的体积比或者整体比例的分配。例如，一件连衣裙的长度与宽度比；衬衣前口袋的尺寸大小；裙子领圈上的荷叶边宽度——所有这些都需要仔细配比。

平衡：对称平衡在服装设计上表现为款式线条和细节很均匀地用在服装上。例如，纽扣均匀分布在前中线上，口袋对称固定在前中两侧。非对称平衡中最明显的例子就是单肩礼服裙，晚装中非常流行的款式。很明显可以看到这个不对称平衡体现在肩线上的非对称，但是在整体上设计必须平衡。

一个平衡性良好的设计意味着每个款式细节、色彩和面料等都能相得益彰，协调统一——互相之间不会喧宾夺主。如果出现这种情况，就是为了取悦某些客户而有意为之。

节奏：节奏以重复为基础，包括重复使用线条、细节、配饰、色彩和图案。例如，一件小黑裙在领圈、袖窿和下摆线上镶嵌珠饰；上装可以在它的前身下摆和袖子上装饰一些褶裥。

强调：强调或者称焦点，是视觉中最醒目的部分，将人的眼光吸引到服装上，可以是廓型或者色彩，也可以是某个特定的细节或者装饰、一个腰带、一件宝石。

渐变：指的是某个特征 / 特色的增加或减少。例如，一件裙装的绣花图案从肩线沿着对角线方向穿过前身到下摆处尺寸逐渐递减。

对比：通过色彩、肌理或形状的对比让人注意到某个特别的设计细节，它诠释了一种不同的设计风格。例如，一件简洁的黑色礼服搭配一条对比色白色腰带，或者一件简单的夏奈尔茄克衫搭配一条多串链子的超大珍珠饰品。

协调：当设计元素融合在一起而不是相互对立突出，就创造了协调。例如设计中淡雅的颜色和柔软飘逸面料的搭配使用。

统一：当设计中所有的设计元素和设计法则相得益彰，创造了一种整体感和凝聚力时，就形成了统一。统一可以运用到某件或某套服装或某个设计系列中。例如，在一个产品系列中，每件服装之间都可以进行随意地混搭，保持风格统一。

成功的设计作品

当设计元素和法则都运用得当，整体统一协调，视觉上恰如其分地呈现出其创新和品味，或者有可能添加了一个新的转折点，这就是一个成功的设计，甚至可能演变为一个经典款式。

作为一个设计师，一旦领会了设计元素和法则的作用和关系，你就会发现这些要素处处存在，在每一款服装中，在每一个系列里。从最简单的产品到整个完整的设计系列，这些要素帮助你设计每一个细节。

针织服装设计师克雷格·劳伦斯在伦敦时装周的萨默塞特宫展示了自己的春夏设计系列。

摘自其在独立品牌展区的新闻稿：

设计背景——曾就读于中央圣马丁艺术设计学院，为品牌加勒斯·普设计了头六季的针织服装系列作品。

职业生涯亮点——“女星蒂尔达·斯文顿穿着我的设计登上 *Another Magazine* 特别版的封面。”

你的标志性款式是什么？——“用非常规的材料进行针织服装设计。”

左页图和下图：从左向右，服装设计师保拉·阿卡苏、阿曼达·维克利作品、克雷格·劳伦斯作品。伦敦时装周的春夏设计系列展示了比例、平衡、节奏、强调、渐变、对比、协调、统一这八个关键要素。

2. 设计开发

这部分的内容将讲述设计概念初始阶段草图的发展过程，针对礼服、上装、裤子、套装和大衣，每个款式很可能会有多个方案。

同时，将前面讲述的设计元素和法则的内容付诸于设计实践。

在服装行业中，设计师的设计都将依据设计概要。这个实践将在“设计概要”的章节阐述，从中你会学到如何推进设计开发的进程，如何为某个特定的顾客或者目标市场设计一个产品系列。

服装草图：就是在服装人体（女人体、男人体、儿童人体）上快速勾勒设计。速写形式的表现虽然没有具体的细节，但是却很好地体现了人体的比例、服装的整体廓型以及大体的风格和意味。

利用这个方法，你可以快速地勾绘设计想法，而不是仅仅局限于某些设计细节。随着熟练程度以及经验的积累，这些设计草图只需几分钟就可以搞定。

绘制工具：黑色细线笔、描线笔、黑铅笔以及自动铅笔都是勾绘关键线条和细节的完美工具。

用粗头笔、笔刷或者彩色铅笔可以为设计草图快速上色，展现面料特点和色彩风格。马克笔是快速速写和上色的完美工具——当然需要使用马克笔专用纸，否则在其他纸上很容易渗色。

另一种方案是，将线稿扫描到电脑里，然后用电脑图形软件进行修改等，例如 Photoshop，颜色和面料的细节都可以在电脑中添加。

注意：有些设计师使用数字板进行绘图——这都取决于自身的技术能力和个人偏好，都是行之有效的方法。

选择速写模板：在设计初始，你需要绘制一个合适的服装人体作为模板，人体不能过于前卫，否则很难获得良好的人体比例，也不能太写实，否则你的作品会缺乏生命力（参见廓型、款式、细节章节中关于基本的人体速写模板以及《美国时装画技法完全教程》中的相关章节）。勾绘各种姿态的人体速写以选择最适合的形式来表现你的设计作品：

全身人体，前视图、后视图和侧视图

半身人体、上半身和下半身。

服装速写本：有的设计师喜欢做一个速写簿而不是将设计画在一张张纸上。这样我们从速写稿中可以窥见设计开发的不同阶段，也是将设计思路展现给设计团队和买手的可行方法。

画板或草图纸：在你能够熟练地绘制某个具体的人体动态之前，应该利用速写人体作为模板。因此需要选择一个画板或者单张带点透明的图纸，以便拷贝。这样你可以将更多的精力用于勾绘设计而不会忙于为每个新的设计勾绘准确的人体。

速写本和设计开发图

下面的设计开发案例详述了设计元素——造型、色彩、线条和肌理是如何运用的，以及如何运用设计法则中的八项要素——比例、平衡、节奏、强调、渐变、对比、协调、统一来创造成功的设计作品。

设计师通常根据设计概要提供多种设计方案。在如下的设计开发案例中，我们假定设计师在每个设计初始阶段脑海里已经有了一个设计主题、面料和色彩的思路（在前面的章节中，趋势调研、面料和色彩已经作为设计流程的一部分内容讲述）。

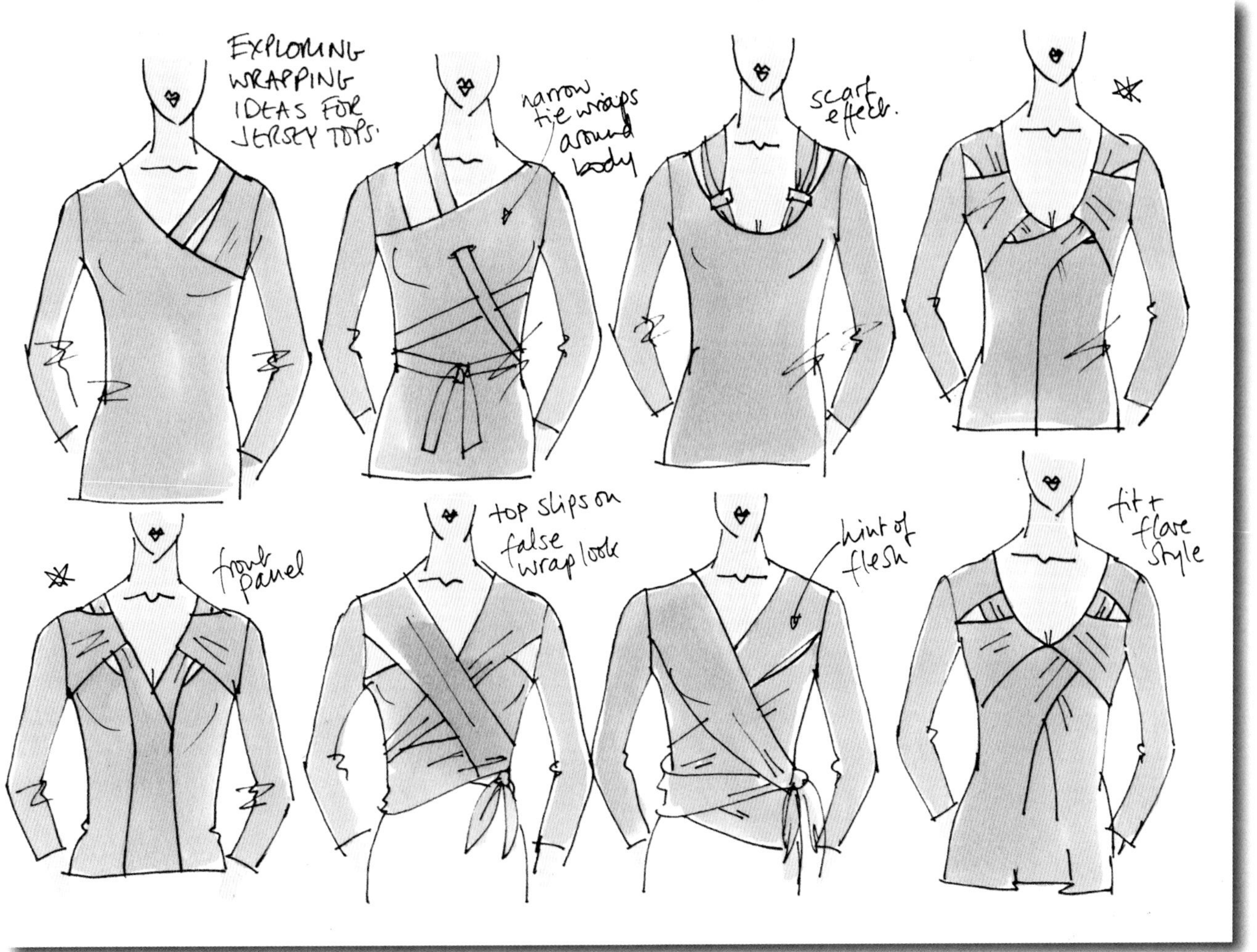

左页图和本页图：从左向右，服装设计师和时装画家里内特·库克创造的设计开发草图。

丝质紧身连衣裙，细节处采用非对称式荷叶边，颜色配以蓝色、紫色、暗粉色等柔和色调。设计上可以通过改变荷叶边的位置、改变颜色而得到更多不同的效果。

丝质紧身上衣，细节处采用交叉包裹式设计，在整体合身的情况下通过变换造型线或者体验下前面介绍的八项设计法则可以获得不同的效果。

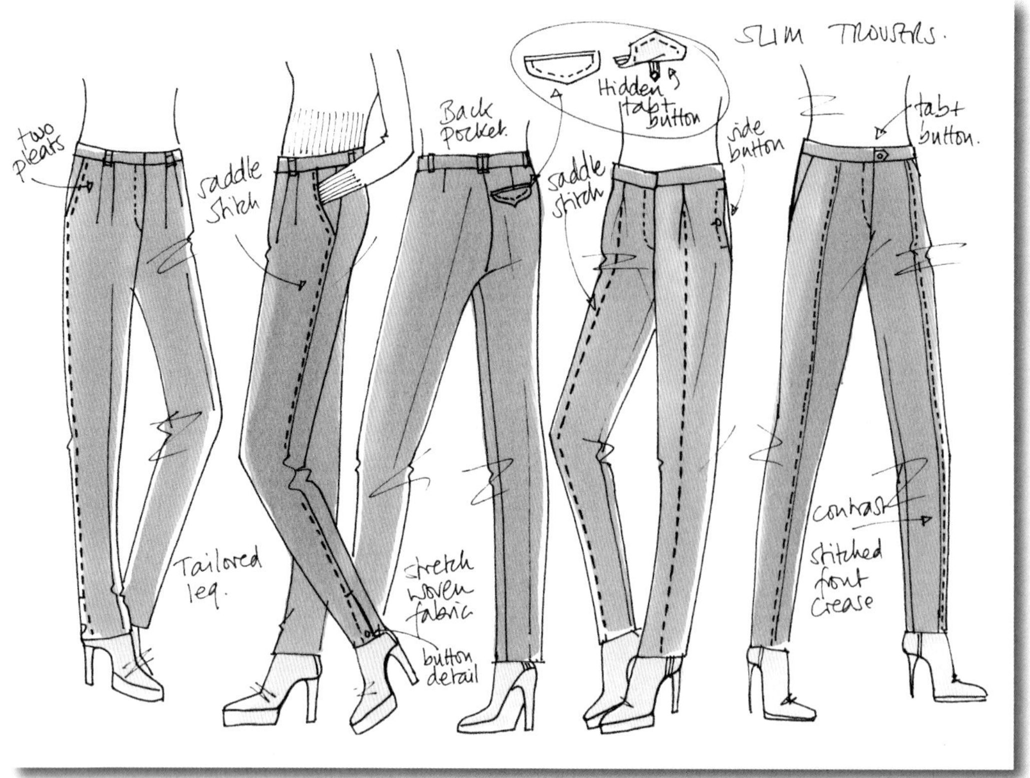

开发设计：勾绘设计需要逐步进行，一步步修改设计细节，例如线条和比例，当然不能与最初理念偏离太多，在运用面料的时候要保持廓型的平衡。记录下设计开发的过程，包括从丝质紧身裙装到丝质格子外套的演变，提供各种不同的款式设计。

以一个款式为基础，你可以勾画出 20 种设计款式，其中的某个或者几个款式可能就会成为你产品系列的一部分。

在设计作品上还可以黏贴面料小样并搭配色调板。

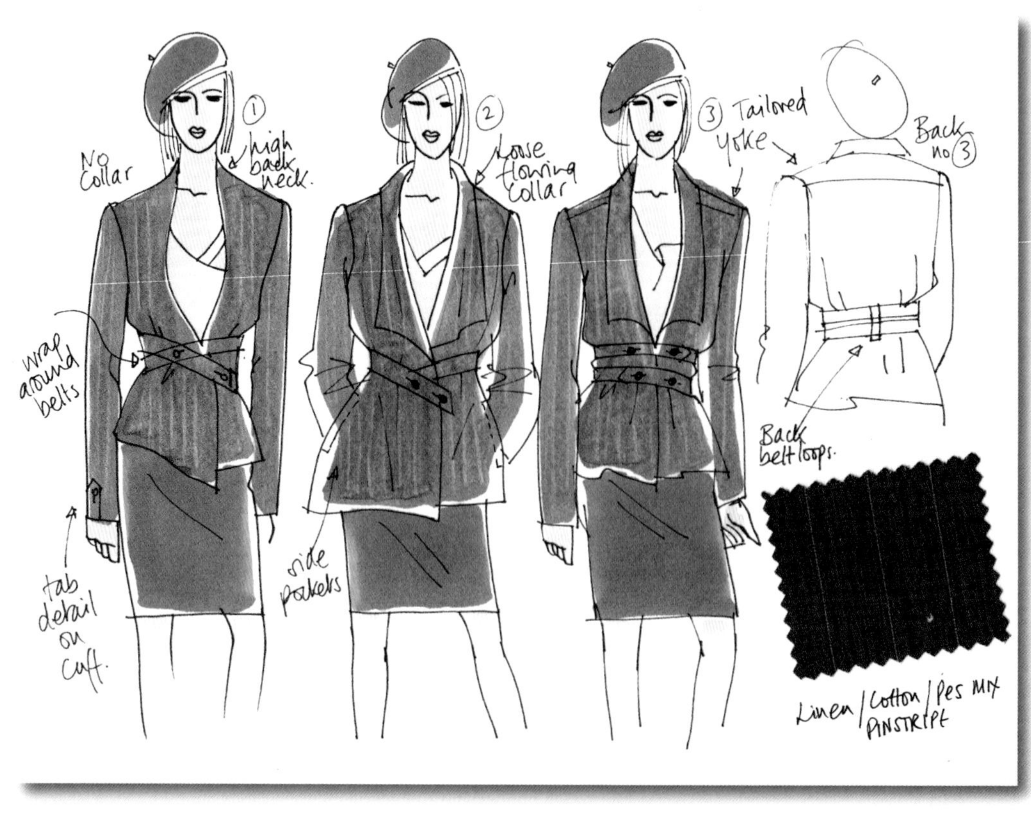

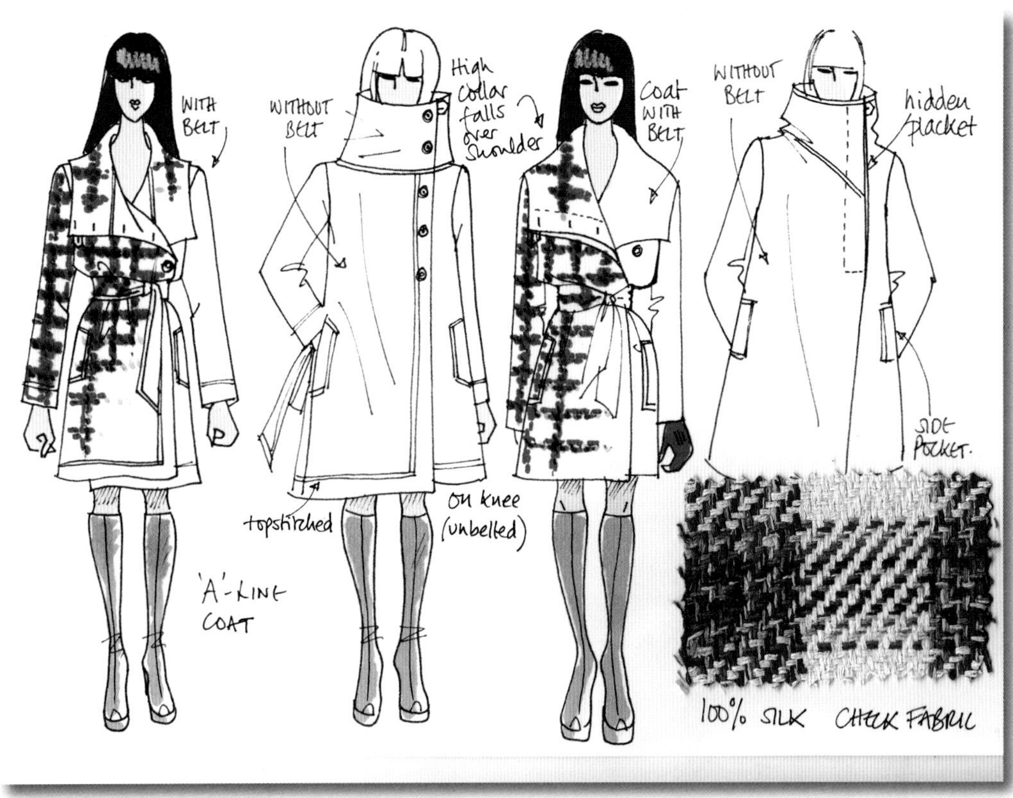

在设计初始，你的主要任务是不停地开发设计想法，而不是对图稿和设计细节过度讲究或者说是苛刻。随着经验的增加，你会逐渐形成自己独树一帜的速写风格——所谓孰能生巧！

最终的设计将从你的设计开发草图中选择，然后再对其重新精致描绘以达到良好的视觉表达效果。还可以从速写本中选取款式制作成样衣。

服装速写／设计开发：服装设计师兼时装画家里内特·库克作品

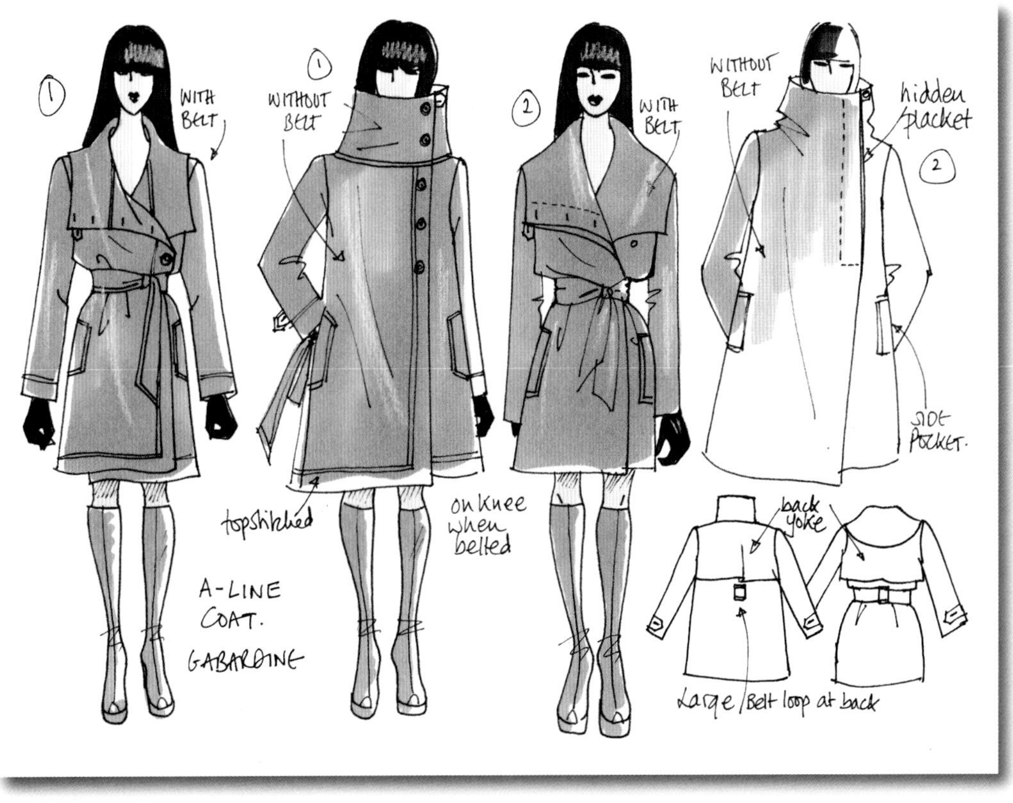

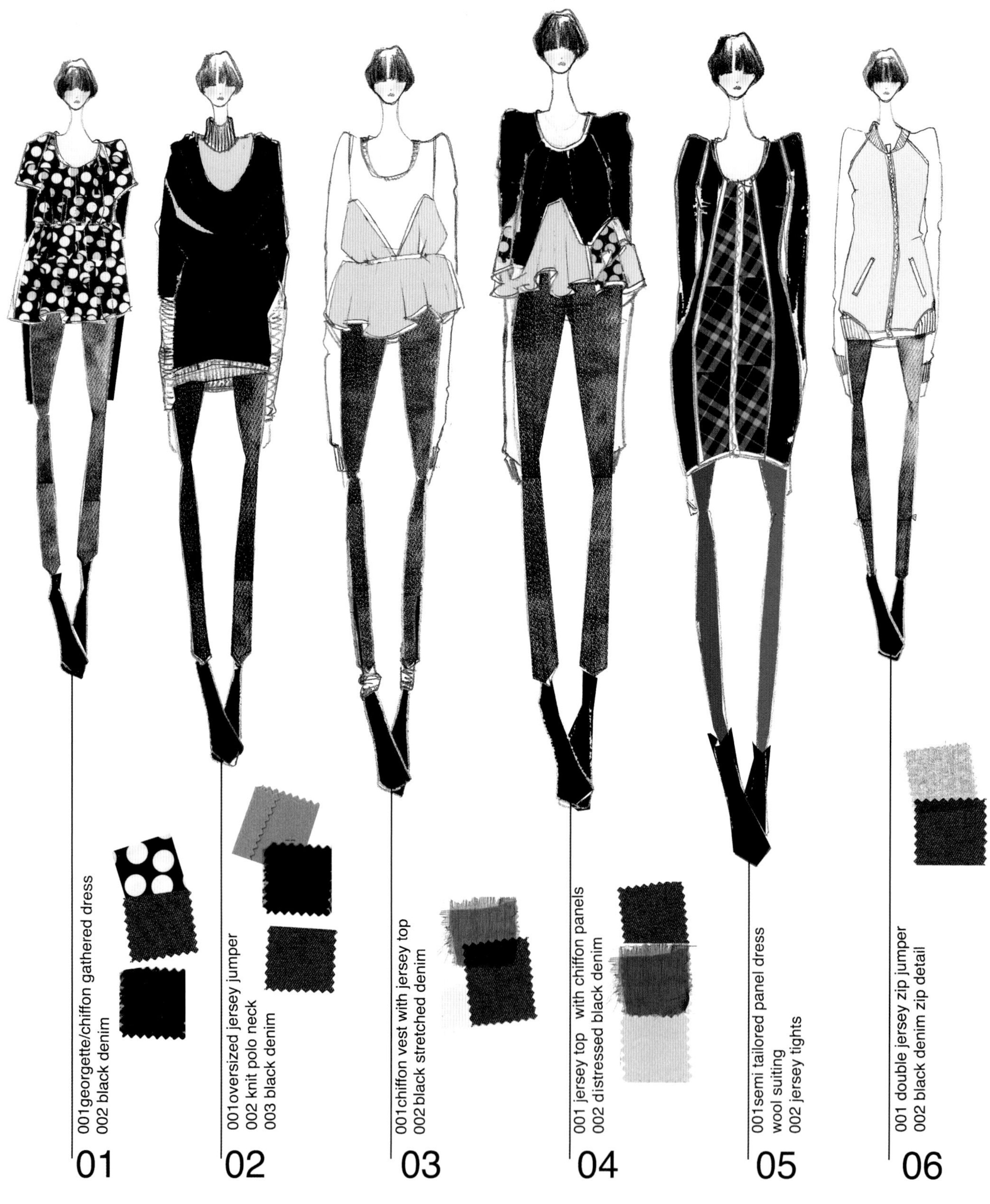

服装设计师艾娜·侯赛因作品：这个系列设计效果图展示了整个设计草图的开发过程。设计师结合了设计元素和法则，充分利用了自己的设计调研和创新力，开发出各种不同的款式以供买手选择。这些款式可以混合搭配成更多的套装；从娃娃装、束腰宽松外衣以及各种裙装廓型到短款收褶或荷叶边裙装、紧身裤、针织牛仔裤、裤袜、紧身茄克衫、派克大衣和休闲外套等。

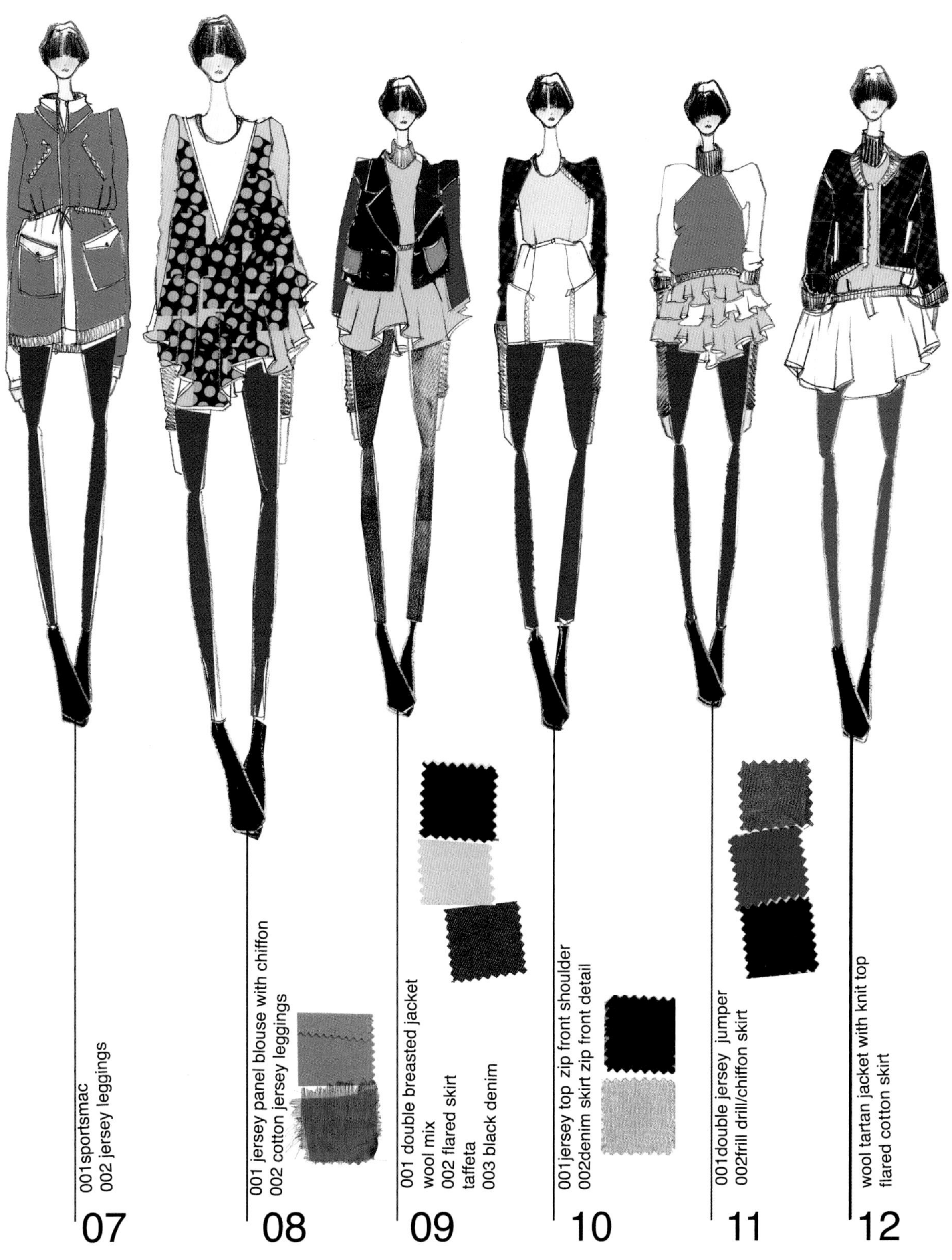
001sportsmac
002 jersey leggings
07
001 jersey panel blouse with chiffon
002 cotton jersey leggings
08
001 double breasted jacket
wool mix
002 flared skirt
taffeta
003 black denim
09
001jersey top zip front shoulder
002denim skirt zip front detail
10
001double jersey jumper
002frill drill/chiffon skirt
11
wool tartan jacket with knit top
flared cotton skirt
12

第九章

服装设计表达与作品集

作为一名服装设计师，其中一个很重要的能力就是将你的设计想法以富于创意而活力的平面形式展示出来，即展板的制作。服装行业运用这些展板（实体的和电子的）向设计师、买手、客户和消费者有效地传达设计理念。大多数企业都会选择某种形式的展板来开发、推广和销售他们的产品。本章将介绍各种展板之间的区别，以及他们在服装行业是如何相互联系的

前面的章节我们讲述了设计灵感与创意的调研、色调的选择、面料的选择和采购以及设计开发。本章节将阐述如何以专业而可视化的二维形式将这些设计创意呈现出来，它们将作为设计过程和服装作品集的一部分。

本章内容包括：

服装设计表达——服装行业的设计表达；

展板类型——情绪板、概念板、故事板、色彩板、面料板、款式板等；

表达形式——排版；

服装作品集——版式、内容、院校的形式 / 服装行业的形式。

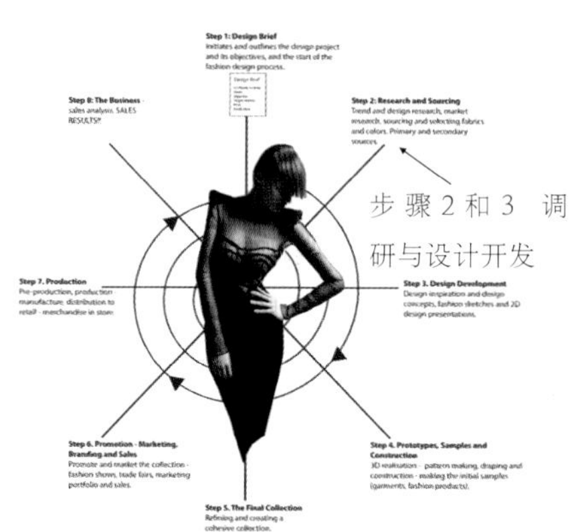
Step 1: Design Brief
Initiates and outlines the design project and its objectives, and the start of the fashion design process.
Step 2: Research and Sourcing
Trend and design research, market research, sourcing and selecting fabrics and colors. Primary and secondary sources.
步骤2和3 调研与设计开发
Step 3. Design Development
Design inspiration and design concepts, fashion sketches and 2D design presentations.
Step 4. Prototypes, Samples and Construction
3D realisation - pattern making, draping and construction - making the initial samples (garments, fashion products).
Step 5. The Final Collection
Refining and creating a cohesive collection.
Step 6. Promotion - Marketing, Branding and Sales
Promote and market the collection - fashion shows, trade fairs, marketing portfolio and sales.
Step 7. Production
Pre-production, production - manufacture, distribution to retail - merchandise in store.
Step 8: The Business - sales analysis. SALES RESULTS?

图 9.1 服装设计流程图（详见第 11 页）

Lace
Digital
DESIGN
BEAUTIFUL
A NEW GENERATION
CREATIVITY
A Look into The Future
Material
SPORTS
surface
Innovate Influence Initiate

左页图：服装设计师杰西卡·哈雷作品——“爱丽丝梦游仙境”情绪板，爱丽丝闲庭散步，追随了薇薇安·韦斯特伍德的足迹，融合了奢华与魅力、幽默、大胆与冒险。灵感来源于祖母神秘阁楼中的珍宝。由此开发出的款式将大胆、自由奔放、充满活力，每一代人都会觉得新奇。

左图：东伦敦大学卢斯·琼斯作品，服装面料主题——表现时代特征的未来服装，出自她的演示文稿展板。创意影响未来，提出了界定了服装未来的趋势：奢华、交流、文化、生活方式、个性。

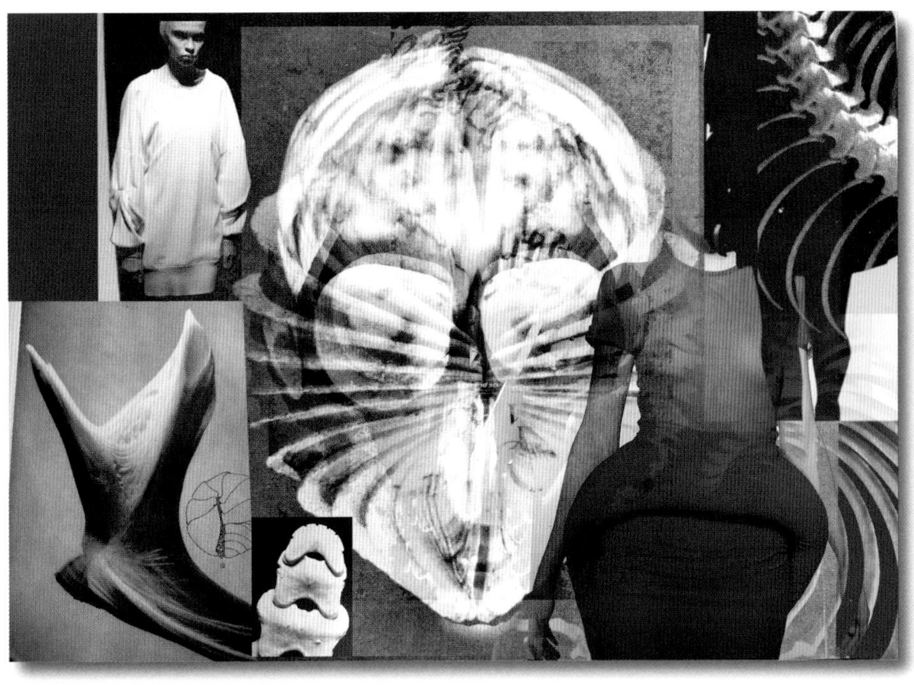

上图与下图：服装设计师普里扬卡·皮尔作品——“骨头”情绪板。上图中的主题和整体色调与下图的款式创意展板相呼应，上图采用了拼贴和 Photoshop 处理相结合，下图为手绘草图，然后扫描，在电脑中进行排版。

1. 服装设计表达

设计概要：设计概要概述了需要何种类型的展板才能达到设计目标。制作这些展板可能需要和以下人员协调合作：

设计团队；

个人买手和买手团队；

商品企划师、品牌经理和造型师等；

客户和消费者；

全球服装行业的参与者（行业展会、展览、时尚活动和会议）；

在设计会议中，设计师和买手将就下一季的新系列、产品结构计划展开讨论。展板包括：

设计概念（故事或情绪板）——表达新一季的主题，可能包括色调和基本的款式概念；

款式展板——展示出平面图和服装效果图，表达单件或整个系列服装的款式选择；

产品开发板——新款手包、鞋或头饰的创新理念。

展板可用于以下场合中的趋势预测展示以及推广与营销：

展厅；

展览、行业展会、服装秀；

网站；

趋势图册以及报告。

展板通常与面料样品和服装或产品一起展示，以强调一个主题或概念、色彩或款式。

展板，顾名思义，可以安装在一个板子上，也可以以图册的形式展示出来。现在，越来越多地采用数码形式，利用Photoshop、Illustrator、Indesign和PowerPoint、Flash以及多媒体形式等进行制作。

采用数码形式制作展板可能更加实用。例如，呈现给大批的观众，或者上传至网络，作为邮件附件，以针对全球市场。但是，实体形式的展板也值得考虑，例如，附带了可触摸物件的展板（面料小样、珠子等），也行再加上合适的音响效果，甚至是气味（可以考虑花香、香水、咖啡），会给人留下深刻的印象。

2. 展板的类型

（1）情绪板，或者称灵感板、概念板、主题板、故事板。这种展示是通过图片、实物（杂志撕页、照片）、面料小样、辅料（纽扣、珠子等）的形式，对你的调研和设计概念进行更加规范的整理。

展板要达到有效的目的，必须表述清晰、连贯，排版有力，让观者能理解你所要表达主题的方向。

主题举例——“黑冰”“图形之魅”“摇滚之星”“融合”“金属感”；

版式——这种展板通常是将各个元素拼贴起来，元素之间是相互关联的。

下图：服装顾问保罗·莱德的环保主题“仙境”及概念设计情绪板。这个趋势预测情绪板表达了自然与环境中的审美情趣与建筑和室内的结合，展示了下一季主题中将出现的肌理、印花和色彩。

（2）色彩板 / 面料板（色彩 / 面料表达）。这种展板根据主次关系将某个季节的色彩和面料表达出来，同时包括了辅助色彩和面料小样。通过服装效果图、平面图或者合适的背景可以增强它们的效果。当然，色彩和面料是重点。

这类展板广泛用于面料与纱线展、服装秀现场，与面料样品一起展出（见服装趋势预测、色彩与面料章节）。

（3）款式板，或称产品结构板、设计板等。这类展板可以面向更加普通的大众，或者针对某一个具体客户、消费者群、一个具体的品牌，也可以成为买手服装品类或者买手计划的一部分。详细展示：

根据特定类型选择的款式——各种款式的衬衫，如西服衬衫、休闲衬衫、梭织面料衬衫、锦缎衬衫等；

一个整体的服装系列——某个特定主题，或者某一季、某个市场级别中的一个完整服装系列。

款式板包含以下元素：

平面图（设计图）——前后视图；

服装效果图——服装人体着装图；

色彩选择——印花和辅助色。

面料——相关的面料故事，并标注成分和克重。

款式板是前期向设计团队和买手传递设计想法的一种比较经济的方法，根据所表达和讨论的款式和细节，随后制作出样衣或者原型。这样，在第一次会议的时候，大家都明白所期待的结果。

成功的设计展板：实现成功的设计展板的一个关键因素是紧扣设计概要的目标。即针对某个季节、客户或者市场的主题突出、重点突出。

设计师采用了各种创意表达方法，这一点在接下来的页面甚至整本书中都有所体现。

左图：服装设计师保罗·莱德和埃里卡·奈特作品。展板表达了一个针织系列的色彩、面料和整体情绪。

下图：服装设计师露西·罗伊作品。款式板表达了以“灰色解剖”为主题的富于整体感的春夏服装系列。

右页图：Fashionary 提供（http://fashionary.org）。设计表达的排版案例。

3. 设计表达的版式

设计元素：从单个来看，设计表达中的元素可能会很平淡，但是当所有适合的要素整合在一个完美的版式中，整个主题将会更加突出，更有趣味性，进而获得商业上的成功。

下图中的线条形排版案例表明了设计表达版式中所包含的要素：主题或标题的位置、面料和色彩小样、服装效果图、平面图和设计说明。

一个优秀的设计版式需要考虑：相似元素的组合、一定的空白空间以及各元素之间的协调与平衡。

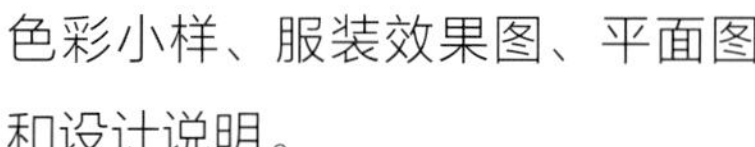

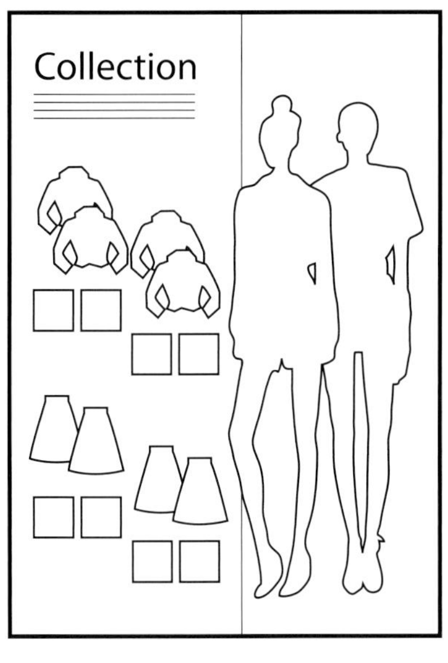

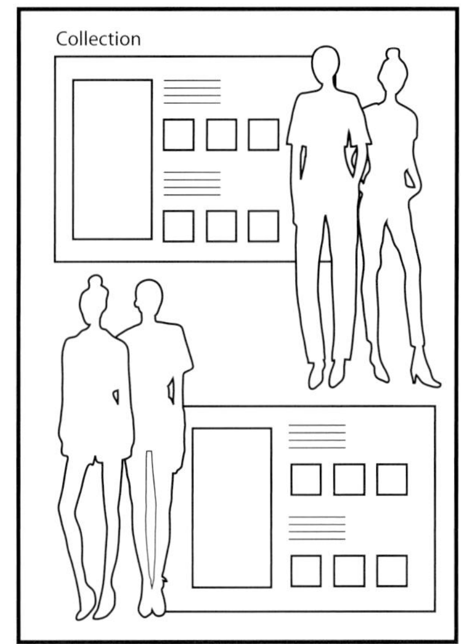

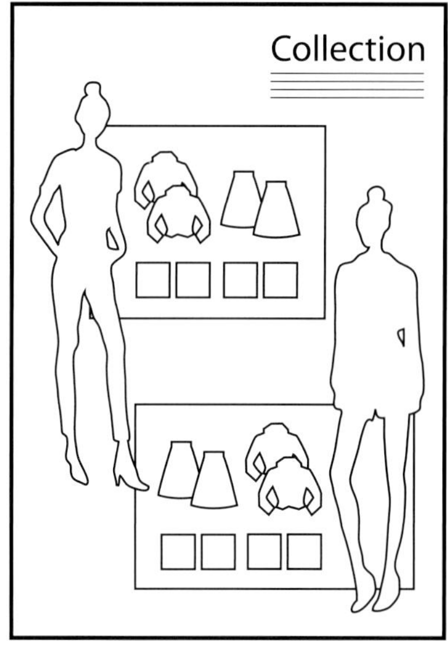

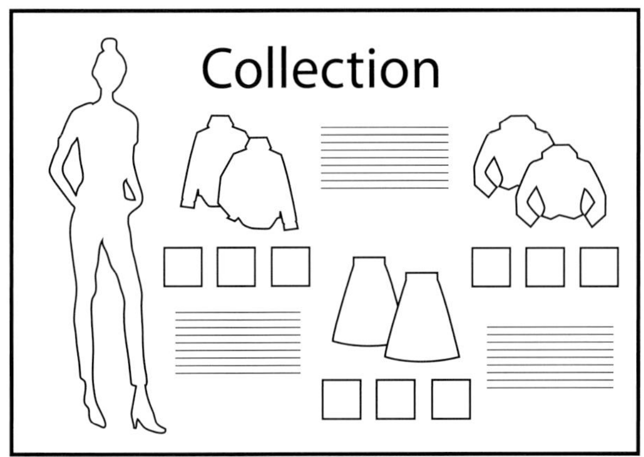

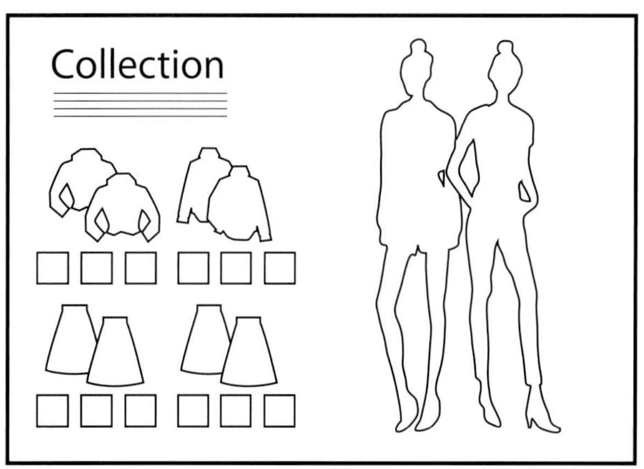

服装设计师安东·洛茨作品：主题“游猎”的款式板。这些款式针对一个特定的人群、一种客户类型和具体的品牌而开发。这些展板表明了一个系列／产品线的情绪和概念，包括明确的廓型、色彩概念、效果图和平面图。

纺织品设计师伊娃·斯洛佩克作品：针对一个特定品牌的图案板。表明了某个系列／产品线的图案设计、明确的廓型、色彩和印花、用 CAD 绘制的服装平面款式图。

服装设计师艾米·拉宾作品：男装设计表达展板，针对一个特定的客户或品牌。其企业识别符合（标志、商标）可以融入展板中。这些款式板表明了一个服装系列／产品线的设计概念，包括明确的廓型、色彩和面料概念、效果图和平面图。

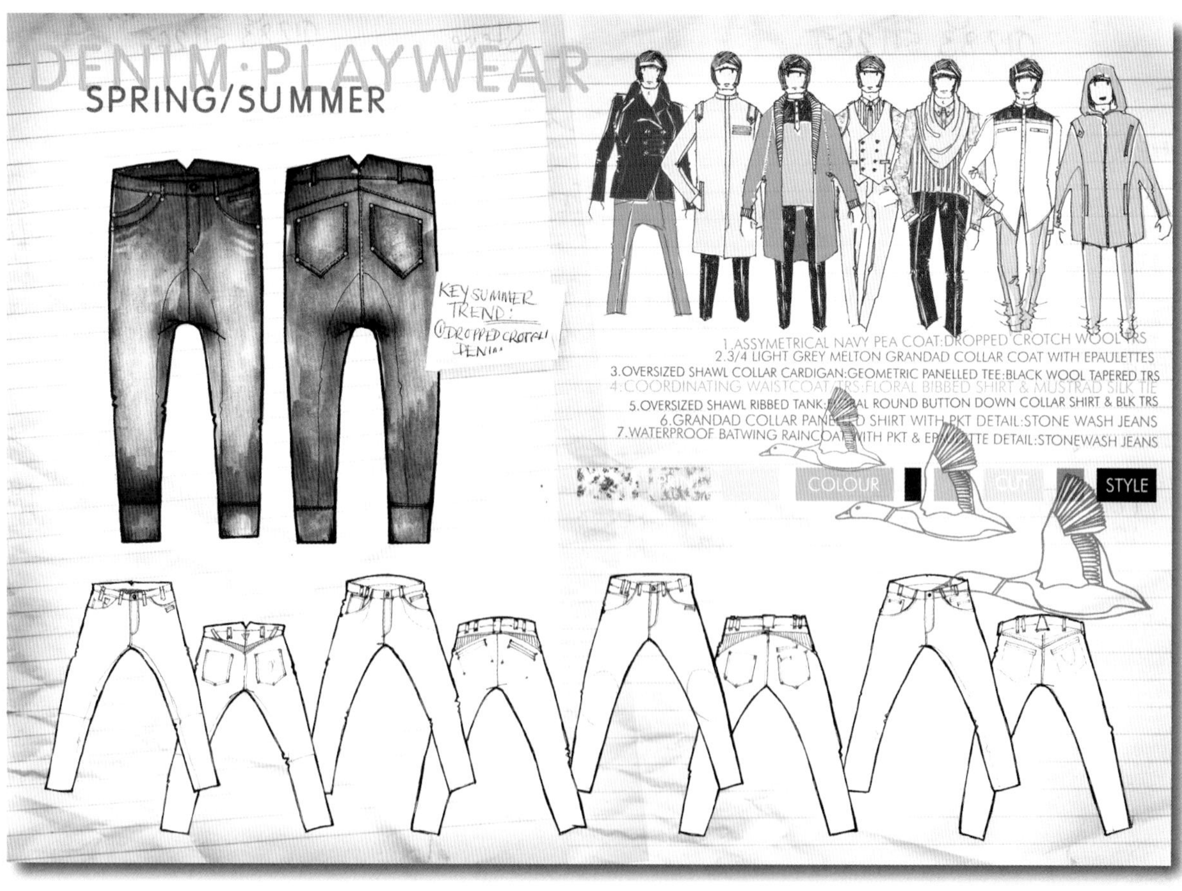

4. 服装作品集

在你整个学习生涯或者即将开始职业之旅时，服装作品集至关重要。它不仅仅是你作品的集合，而且能证明你的能力，成为你主要的推广工具。

一个富于创意而且规划合理的作品集以图形的方式证明了你的能力，表达了你的个人特质和表现技巧，显示了你在各方面的专长：设计、创意和创新、技术绘图、效果图表达以及工艺技能（纸样绘制、缝制等）。你应该对作品集进行不断更新，不管是在学习期间还是在从业期间。它是你通往成功和职业发展的通行证。

作品集的内容和版式：展板可以成为学业型作品集的一部分，再加上草图本、摄影册、宣传资料袋和款式细节图可以成为销售和推广型作品集。

如果从三个角度来呈现你的展板，应该以下面的顺序出现：

情绪板；

色彩板、面料板；

款式板。

学业型作品集：特别用于展示你的作业和设计概要。如果是毕业作品集，你可能需要更具选择性，选择你的最佳作品，包括你的设计和毕业设计的照片，以及任何媒体评论。

专业作品集或者行业作品集：应该包括媒体评论的剪报、服装照片和你的作品在服装秀上的照片。如果你是从业人员，根据你的工作类型不同，可能只要包括你目前这份工作中的服装速写、设计作品的工艺图，而非效果图。

面试作品集：期望在服装行业某得一席之地，你的作品集可能要针对特定的市场、消费者/客户或者公司。而且整个作品集应该连贯，要能特别引起面试官的兴趣，同时还要展现你的资质和技能。可以以实体形式，也可以制作电子作品集。

更多内容请参见该作者的另一本书《美国时装画技法完全教程》的设计表达与作品集章节。

服装设计师普里扬卡·皮尔作品：服装作品摄影的展板，用以推广她的小型系列。在 Photoshop 中进行了编辑，展板展示了服装平面图和模特身上的服装。

Printemps
Automne
Hiver...

第十章

设计概要——设计一个系列

“每一季的主题都非常鲜明，所以我常常在艺术或设计中寻找灵感，因此它可能是一个产品或是艺术家本身，或是一种技术，或仅仅是在服装中不太常见的设计部分，但是可以转换成一种印花，然后用于服装中。”

——玛丽·卡特兰佐

任何设计项目的起点都是设计概要。设计一个服装系列或是完成一项服装作业需要创造性的解决方案和视觉思维，它们都有一个项目的全部特征。这就意味着它需要规划、协调和管理来确保实现所有的目标。作为一名服装设计师，你需要探索概要中的设计可能性，包括设计制约因素、设计参数和设计取舍等，从而确保创造出既有创意，又有市场前景的设计。

本章节涵盖的内容包括：

· 设计概要的类型：院校类、竞赛类、企业 / 客户类；

· 如何使用设计概要：要求与目标、实现方法；

· 设计概要案例：以平面形式开发的设计概要，展示了完整的设计系列；

· 服装设计项目：帮助规划和控制服装项目的轴线图，确保设计进程如期进行。

1. 什么是设计概要？

设计概要用于启动设计项目，作为服装设计进程的开始。它确定项目范围，在整个项目中，是设计和设计团队的行动纲领。设计概要阐述和明确以下内容：

· 客户目标和宗旨，或需要解决的问题；

· 截止日期：关键时间点（开始和完成的时间）；

· 制约因素（设计、预算等）；

· 特定任务、要求和结果。

左页图：服装设计师里德维尼·格罗斯布瓦作品。“春、夏、秋、冬”，为特定季节而设计。

右图：服装设计师斯凯·彭杰利作品“消费者”，对于设计师来说，理解目标市场和客户的需求非常重要。

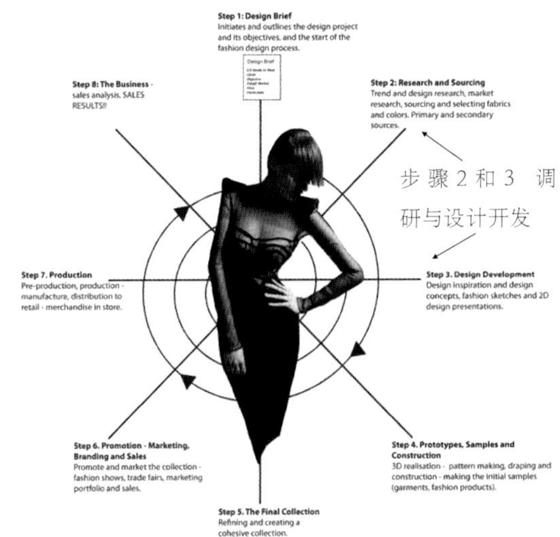

Step 1: Design Brief
Initiates and outlines the design project and its objectives, and the start of the fashion design process.
Design Brief
Step 2: Research and Sourcing
Trend and design research, market research, sourcing and selecting fabrics and colors. Primary and secondary sources.
步骤2和3 调研与设计开发
Step 3. Design Development
Design inspiration and design concepts, fashion sketches and 2D design presentations.
Step 4. Prototypes, Samples and Construction
3D realisation - pattern making, draping and construction - making the initial samples (garments, fashion products).
Step 5. The Final Collection
Refining and creating a cohesive collection.
Step 6. Promotion - Marketing, Branding and Sales
Promote and market the collection - fashion shows, trade fairs, marketing portfolio and sales.
Step 7. Production
Pre-production, production - manufacture, distribution to retail - merchandise in store.
Step 8: The Business - sales analysis. SALES RESULTS!!

图 10.1 服装设计流程图（详见第 11 页）

SKYE PENGELLY

服装设计师崔罗拉·布莱克威尔作品：她春夏系列中的创意连衣裙设计显示出对风格的独特把握力，以及出色的服装效果图绘制能力（见廓型、款式和细节一章）。

2. 设计概要的类型

在求学和工作期间，你可能会遇到几种类型的设计概要，它们包括院校类、竞赛类和企业 / 客户类。

院校类：作为一名服装专业的学生，你需要应对各种院校类型的设计概要，有的是由外面的企业发起的。这些设计概要提出项目内容或任务，它构成了学校学习的重要部分，帮助学生获得设计过程中的特定技能（设计开发、样板制作、工艺等），然后根据设计概要中的标准对学生进行评分，有助于评估他们的进步和能力。

比赛类：这类概要通常由知名品牌提供，来鼓励和支持新锐服装设计师。比赛是一种非常好的鼓励创新、交流和评价个人能力的方式。作为服装专业的学生，可能有机会参加各种比赛。经常会有一些奖项：有可能是奖学金、实习机会或丰厚的奖励（可能会帮助开启自己的服装事业）。对于公司本身来说，比赛类设计概要是一个推广品牌、发现新兴人才和支持教育的极佳途径。

企业 / 客户类：一名职业的服装设计师需要根据公司和客户制定的一系列设计概要来工作。这些概要通常是合作性的，需要设计团队的共同努力来实现。这些设计概要要求为特定的目标市场或客户设计产品。成功与否取决于产品是否适销对路、产品的销售结果，以及从“满意的客户”那里获得的积极反馈。

3. 如何根据设计概要进行设计

对于毕业设计作品来说，你可能不会受限于设计概要，而是会鼓励你去探索你独特的设计理念和创新性。这很可能是你作为设计师期间能获得的最大的创意自由。

在行业内，很少有设计师能拥有这份创意自由的奢侈，因为大多数设计师都就职于业内最商业化的“大众市场”——服装行业最大的领域。通常，这个市场级别会有更多的设计局限，要考虑到价格和品质，尤其是当与高级成衣以及奢侈品牌相比较的时候。引领潮流变化的成功设计师，如约翰·加利亚诺、马里奥·施瓦博、马丁·马吉拉，是极少数可以表达自己个性的设计师，因为他们所服务的市场级别更具流行性，更有品牌意识，客户们愿意为设计师的品牌花更多的钱。

设计概要概括出设计要求，这将会影响到你的设计内容（见表 10.1，列出了一个典型的设计概要的目标与目的）。根据不同的公司，你在设计概要中各项任务中的参与度会不尽相同，比如，面料部门可能会采购所有的面辅料，设计助理则会开发工艺单。

概要的下发：院校类型的设计概要通常以文档的形式发给学生，供其消化与理解；而行业内的设计概要通常是在设计会议中非正式地说明。

“如果让我为那些在行业内刚起步或者找一份工作的人提供一些建议，我肯定会说，比赛在我的职业生涯中发挥了很大的作用。我会建议他们参加大量的比赛，这样才有更多的机会去展示自己，并获取一些经济上的回报。没有这两样东西真的很难开始。”——弗朗西斯·霍伊，高端女装设计师。

服装设计概要	
项目名称	确定项目：公司名称、主题、季节，如 2015 年古奇春季成衣系列
概要编号及发布日期	概要的编号和发布日期有利于设计概要在公司内部进行登记，也就意味着它易于存档和检索
客户	客户可以是买手、企业和私人客户
职责	确定项目负责人：可能是设计师或设计团队。当设计出现变更时，明确对此变更负责的人是非常重要的。这对于大公司和大团队来说尤为重要，因为随时会有多个项目同时进行
季节或事件	明确特定的季节和日期、活动或场合：春夏、秋、秋冬、过度季、季中、年尾、服装秀、音乐颁奖晚会、明星婚礼
目标	概要的目标可能是创造系列感强的 50 件单品或外套，一系列连衣裙 ，或为私人客户设计一件套装，这也可能被称为工作范畴，明确项目的结果
目标市场	概述市场、层次、产品和人群。项目可能是针对女装、成衣或晚装系列，或是男装、高街、运动装系列（见服装市场一章）
价格点	概要需要制定一个具体的价格点。价格点最终由顾客准备付多少钱决定（见服装市场章节和附录中的设计和生产流程 [成本单]）
关键日期，最后期限	阐述设计项目的日程，包括了关键日期和项目完成的日期，可以以一张柱状表的形式来展示（见第 116 页表 10.2），包括： · 款式会议，讨论和展示最初的设计理念（主题、面料、色彩、廓型）、设计主题板、样品 / 原型，最终系列 · 营销、制作和发货 · 为设计项目定做的任何东西，特别是在海外制作的，需要预留出更长的前置时间来运输，这包括面料样品和大货、印花、原型、大货生产
设计要求、款式、廓型、色彩和面料	概述特定的设计要求：造型、色彩、面料。对于其目标市场更具流行意识的公司来说，与客户喜欢经典风格的公司相比，它们的设计范畴会更宽泛一些，可以采用新的流行趋势、色彩和面料。基于这些设计考虑，大部分服装公司将会确定一个固定单品或销售最好的单品，继续在每一季中销售，并出现在所有的系列中。这有可能是小黑裙、白衬衫、黑裤子、五口袋的牛仔裤。公司可能会对设计进行更新，或用新的面料进行尝试
设计表达	设计可能需要以二维展示板、设计作品集、PPT 展示或媒体的形式进行展示。二维平面的展示包括：情绪板、色彩板和面料板、有平面款式图和显示是一个统一系列的服装效果图款式板
样品 / 原型（整个系列、产品类别）	设计可能需要通过样衣或原型进行立体展示，或作为一个整体的完整系列展示（产品类别），如果需要非正式地在人台或货架上展示，或在室内模特展示，或聘请模特在小型服装秀上展示等，需要设计的数量应予以确定。
审批、汇报对象、地点、方式	概述项目应向何人，在何地，以何种方式进行汇报： · 向创意总监、设计团队、买手或客户回报 · 方式和地点——可能是在室内、展会、T 台（时装周、交易会）、店内、买手处，或设计代理商的陈列间 在院校，可能是向教学人员汇报，如果是校外项目的话，可能是向赞助人、公司、专业设计师等汇报

表 10.1 设计概要——展示服装设计概要是如何引发设计项目，以及设计流程如何开始。它明确了工作的范畴，概述、明确了目的和目标，以及具体的要求、任务和结果。

4. 设计概要——案例学习

下面的案例中以二维展板的形式图像化地提出了服装设计概要的要求。服装设计过程的下一步是制作样衣或原型，然后制作出最终的系列成品（下一章会讲到）。

设计概要 1

项目名称：“法式情调”“亲密表达”“迷惑系列”

概要编号/发布日期：2015 年 2 月

客户：FC 设计总监

责任人：女装设计团队主设计师

季节：春夏

目标：设计一个呈现浪漫、飘逸情调的系列，混合着结构、人体造型和廓型元素

目标市场：女装，面向 20 ~ 35 岁女性，在设计中寻找新奇感，中端市场、品质较好，价格能承受

价格点：几十到几百美元

时间截点：四月二日设计主题板完成，七月二十日最终系列完成

设计要求：造型——硬朗的牛仔款式；对上一季的牛仔裙款进行创新；荷叶边、多层和明线。**色彩**——柔和，亮色调

面料：牛仔、丝绸、雪纺和蕾丝

设计展示：情绪板和灵感板，设计开发板展示设计系列

展示对象：服装购买团队，内部展示。

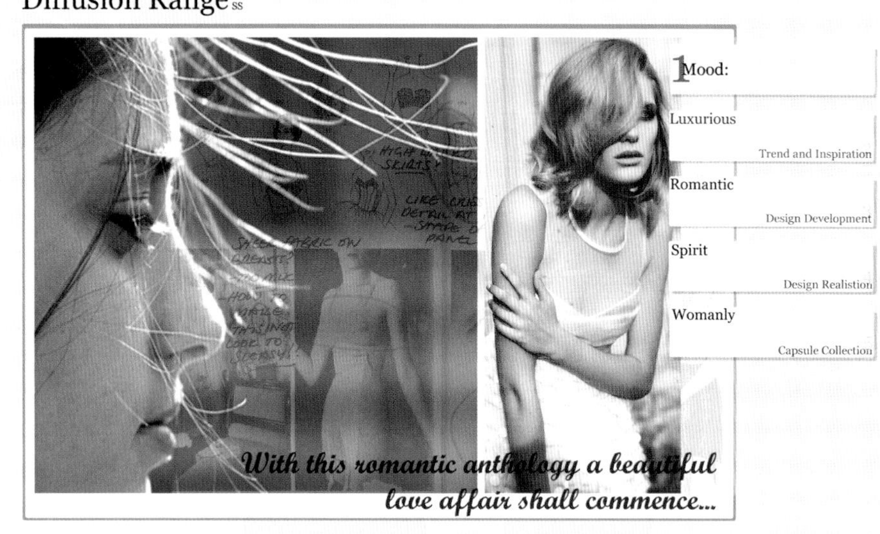

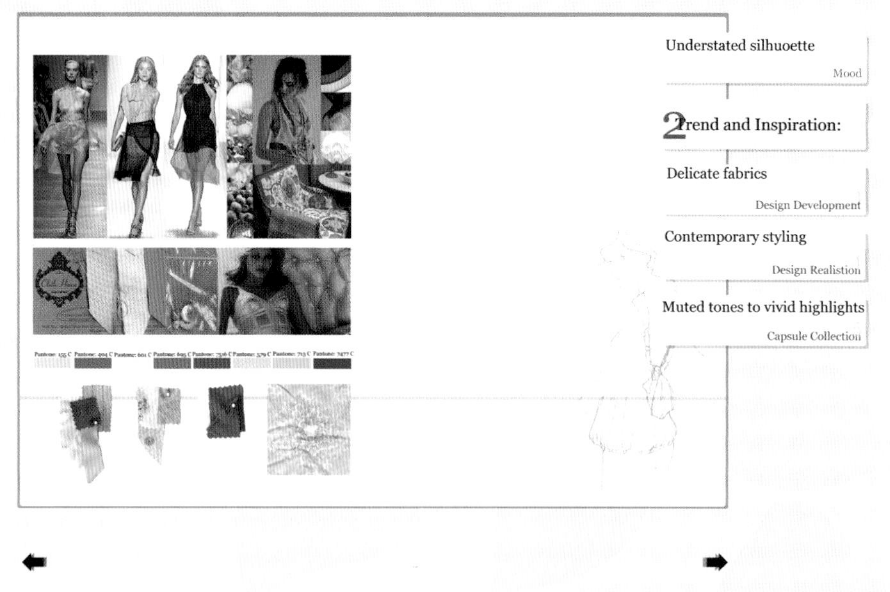

服装设计师崔罗拉·布莱克威尔作品。服装设计过程开始于趋势调研、采购面料和面料样品、选择色调、设计开发，然后制作样板和样衣。这些展板显示了服装设计师崔罗拉·布莱克威尔是如何完成从系列规划，到制作情绪板、趋势和灵感板，以及两个设计开发板的设计过程的。在样板和样衣制作之前，这些将展示给设计团队的主管。

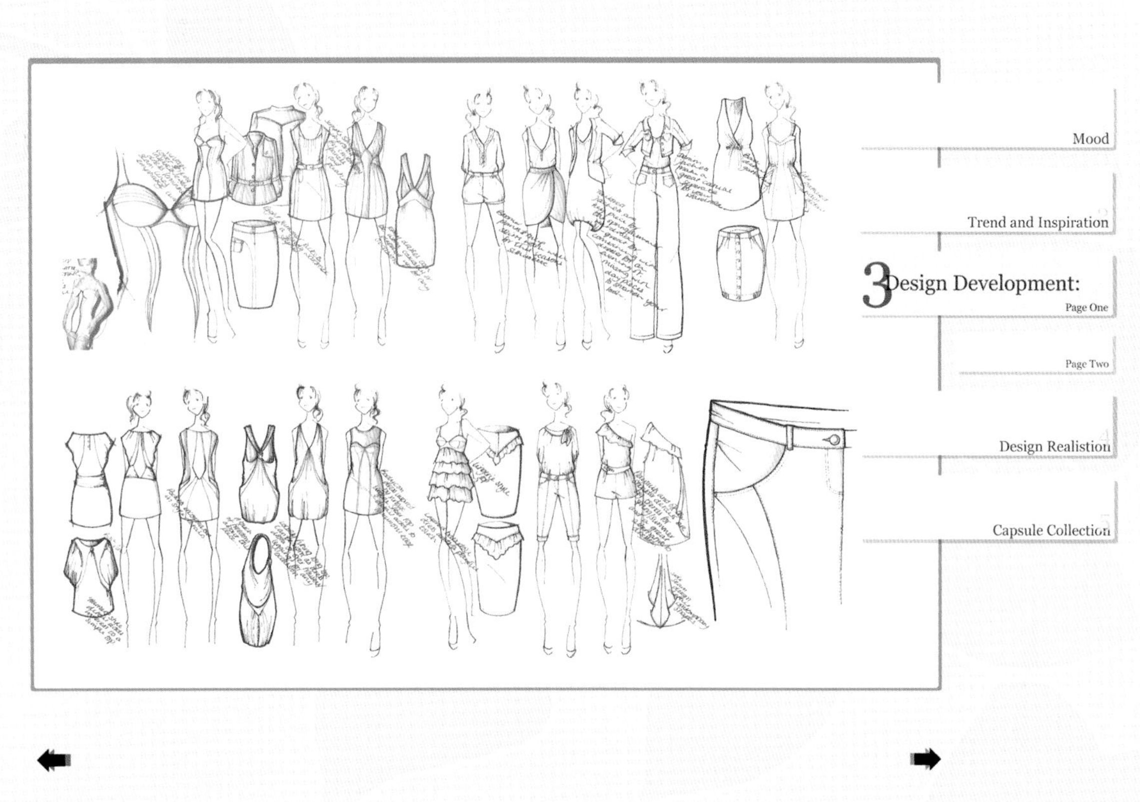

FRENCH CONNECTION

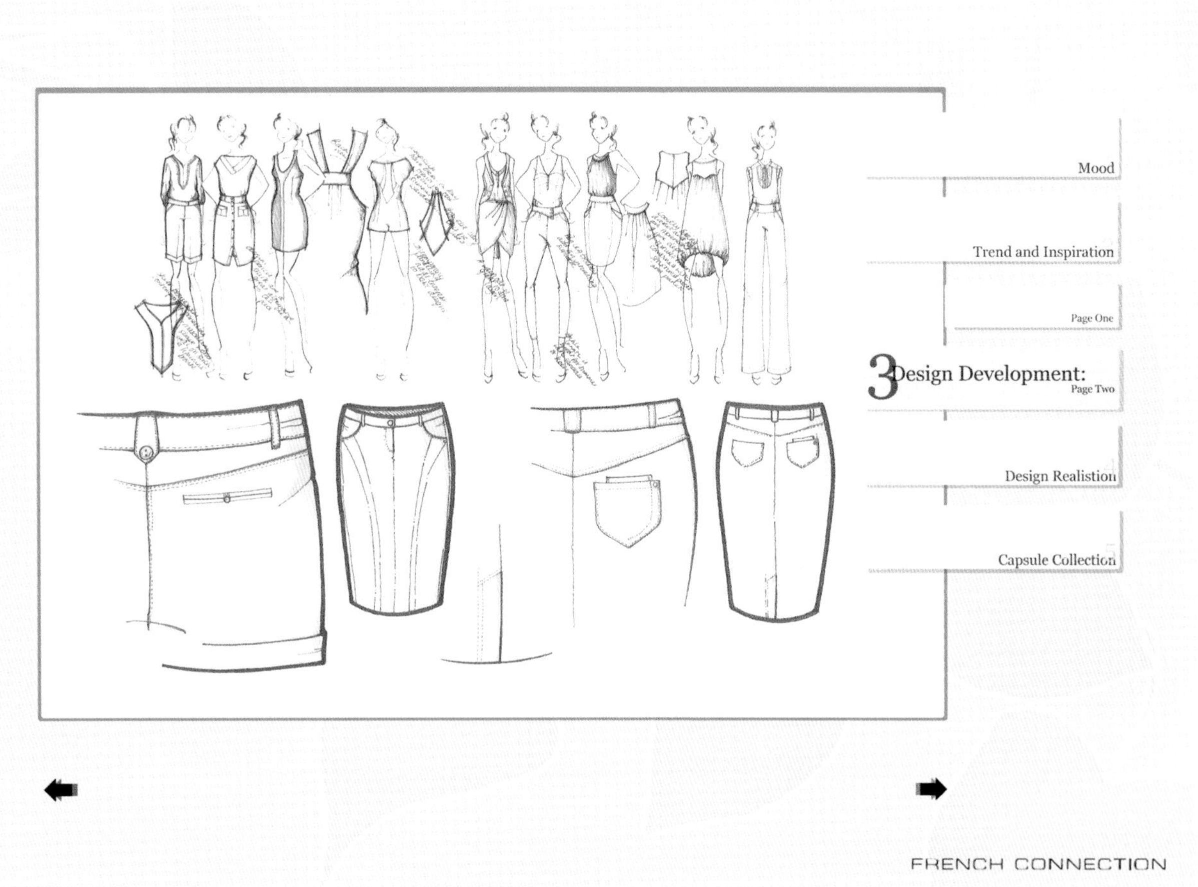

设计概要 2

项目名称：贝拉罗西纳，职业装定制系列

概要编号 / 发布日期：2015 年 2 月

客户：哈维 · 尼克斯的职业女装买手

责任人：女装设计团队设计主管

季节：春夏

目标：设计一个整体的休闲梭织风格职业装系列，展示当代定制、柔美的意象

目标市场：现代职业女性，20 ~ 35 岁，寻求知性、干练、休闲的唯美风格，中端市场

价格点：几十到几百美元

时间截点：四月二日设计主题板完成，八月五日最终系列完成

设计要求：造型——柔软裁剪、挺括衬衫造型、柔软束腰外衣和上装、连衣裙、半裙、裤子和短裤；塔克、褶裥。**色彩**——白色、靓蓝、树莓色、灰色

面料：平纹针织(连衣裙和上装)、绉纱、羊毛混纺、棉混纺

设计展示：情绪板和灵感板，设计开发板展示设计系列。

展示对象：哈维 · 尼克斯的女职业装买手，以及哈维 · 尼克斯的购买团队

服装设计师艾米 · 拉宾作品。这三个展板展示了服装设计师艾米 · 拉宾是如何完成从系列规划，到情绪板 / 趋势板（交代了品牌、色彩和印花）的制作，然后绘制出系列效果图，以及制作款式板（带细节的平面款式图）这一系列过程的。这些展板随后将展示给买手进行确认，然后再进行制板和打样。

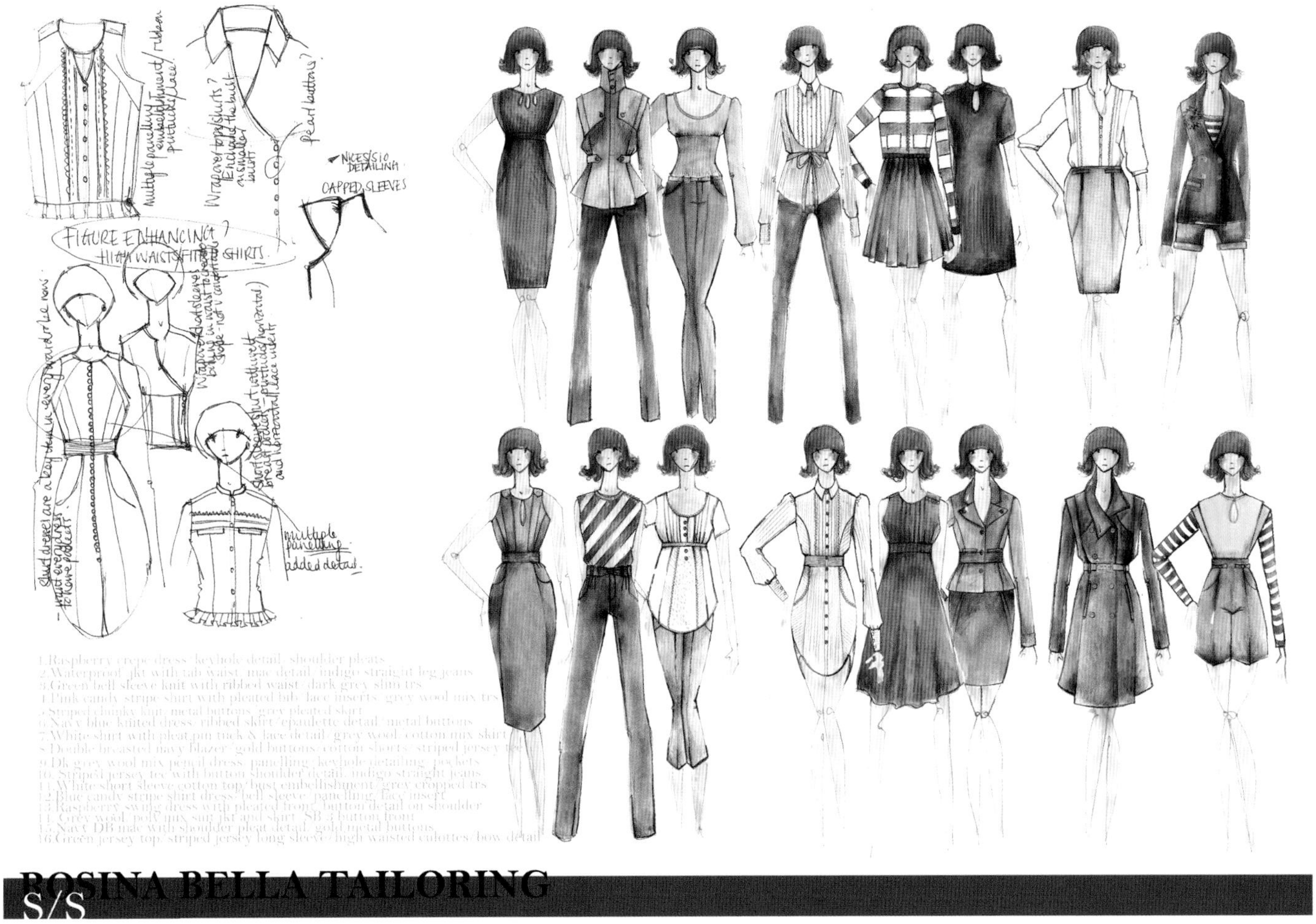
FIGURE ENHANCING?
HIGH WAISTS/FITTED SHIRTS.
CAPPED SLEEVES
multiple panelling
added detail.
1.Raspberry crepe dress/keyhole detail/shoulder pleats
2.Waterproof jkt with tab waist/mac detail/indigo straight leg jeans
3.Green bell sleeve knit with ribbed waist/dark grey slim trs
4.Pink candy stripe shirt with pleated bib/lace inserts/grey wool mix trs
5.Striped chunky knit/metal buttons/grey pleated skirt
6.Navy blue knitted dress/ribbed skirt/epaulette detail/metal buttons
7.White shirt with pleat,pin tuck & lace detail/grey wool/cotton mix skirt
8.Double breasted navy blazer/gold buttons/cotton shorts/striped jersey tee
9.Dk grey wool mix pencil dress/panelling/keyhole detailing/pockets
10. Striped jersey tee with button shoulder detail/indigo straight jeans
11.White short sleeve cotton top/bust embellishment/grey cropped trs
12.Blue candy stripe shirt dress/bell sleeve/panelling/lace insert
13.Raspberry swing dress with pleated front/button detail on shoulder
14. Grey wool/poly mix suit jkt and skirt/SB 3 button front
15.Navy DB mac with shoulder pleat detail/gold metal buttons
16.Green jersey top/striped jersey long sleeve/high waisted culottes/bow detail
ROSINA BELLA TAILORING
S/S

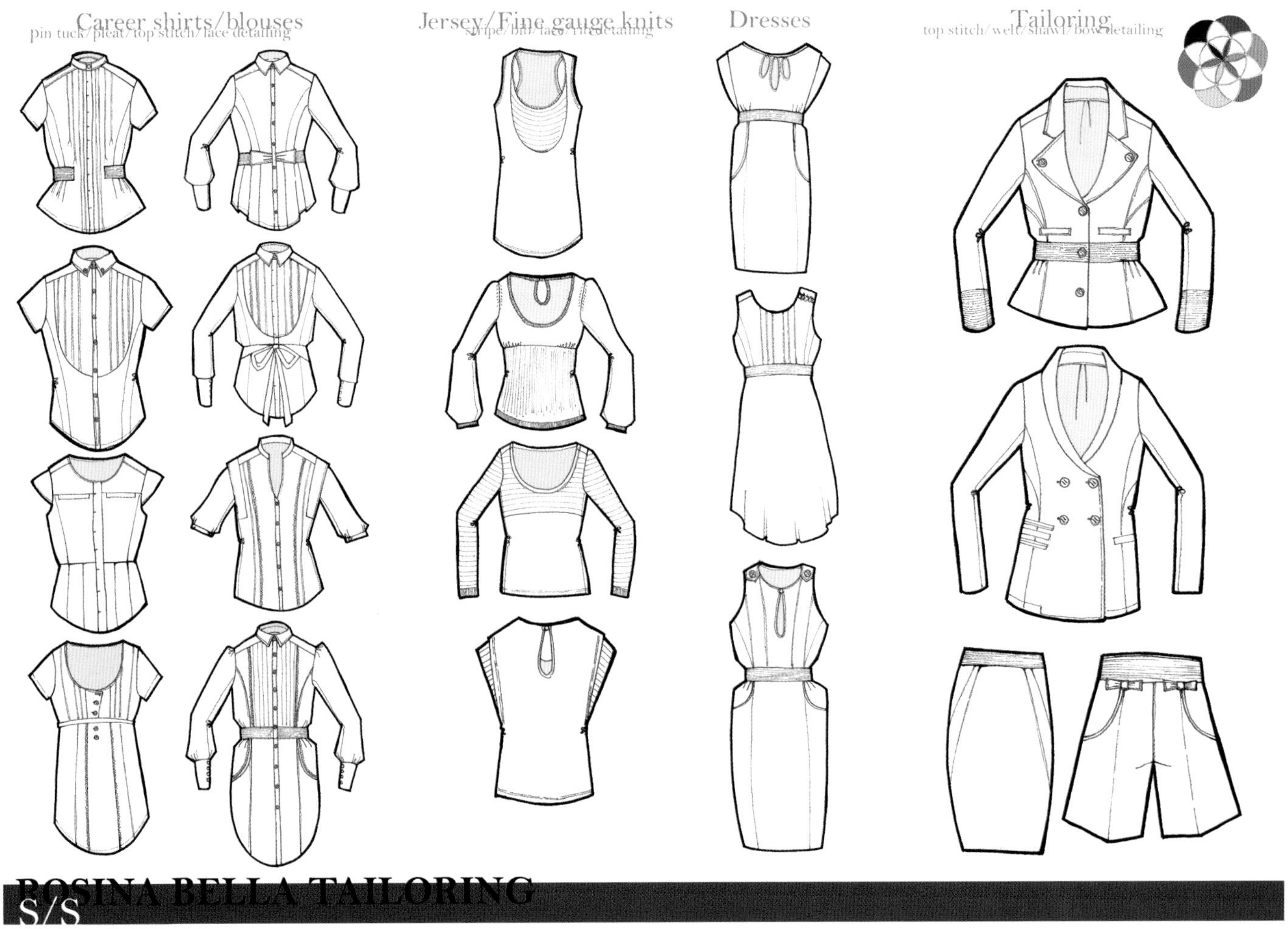
Career shirts/blouses
pin tuck/pleat/top stitch/lace detailing
Jersey/Fine gauge knits
stripe/bib/lace/frill detailing
Dresses
Tailoring
top stitch/welt/shawl/bow detailing
ROSINA BELLA TAILORING
S/S

设计概要 3

产品开发

项目名称：T&T 推广活动

概要编号 / 发布日期：2015 年 2 月

客户：T&T 设计主管

责任人：T&T 设计团队

季节：春季

目标：设计 4 套装，用于推广 T&T 新的定制业务，标志款式应作为生产补充，法式古典家具来自 Sweetpea & Willow，室外拍摄宣传照片

目标市场：20 ~ 35 岁时髦女性，寻求设计创新——高端定制、品质、个性

价格点：几十到几百美元

时间截点：一月二日设计主题板完成，三月二十日完成最终套装系列和全部拍摄工作

设计要求：造型——夸张廓型和款式、荷叶边和层叠感，新奇又不失女人味。**色彩**——白色、淡粉色、黑色

面料：丝绸、色丁、欧根纱、蕾丝

设计展示：情绪板和设计开发板，4 套装的最终系列，3 套完成照片提供给媒体，从概念到实现完整项目的 PPT 展示

展示对象：T&T 的赞助商和 Sweetpea&Willow 的设计总监

摄影：瑞伊 · 轩尼诗

发型：凯西 · 科尔曼

化妆：贾斯明 · 阿里

T&T 推广活动，服装设计师：克莱尔 · 特雷姆利特、雷切尔 · 泰勒。上图展示了设计师的概念板和最终的套装系列，以及现场拍摄的宣传照片。

设计概要 4

项目名称：Steel Jelly 定制系列

概要编号 / 发布日期：2015 年 1 月

客户：设计总监

责任人：男装设计团队设计主管

季节：春夏

目标：设计一个呈现英国经典风格的系列，将现代定制与“流行”的休闲风格结合。灵感来源于 20 世纪 50 年代的定制服装

目标市场：男装，20 ~ 40 岁的男性，高级成衣，高端市场，品质服装

价格点：几十到几百美元

时间截点：三月二日设计主题板完成，六月二十日最终系列完成。

设计要求：造型——定制款：茄克、裤子、背心、衬衫和领带。休闲款：皮革茄克、连帽衫茄克、厚茄克、裤子、衬衫和针织衫

细节：黏合拼缝、插肩袖、皮带细节、绗缝、唇袋

色彩：灰色调、对比色。

面料：趣味性表面织物、对比里料（涤纶 / 黏胶）、双面棉织物、防水面料、涤纶混纺 / 棉里料。粗格纹、对比色和图案

设计展示：情绪板和灵感板，设计开发板展示最终系列

展示对象：内部服装买手团队

服装设计师艾米·拉宾作品。男装展板展示了一个情绪板和两个款式板，有平面图和款式细节，交代了色彩和面料。

5. 服装设计项目

表 10.2 的柱状图是一个有用的项目管理工具，帮助规划和控制服装设计项目，向设计团队以及相关的股东传达信息和指示。该柱状图以一个文件展示了设计周期、采购、资源和预算。当设计项目开始时，柱状图能用于显示进展和控制项目。柱状图显示了如下内容:

· 工作的范围 [1] 以及对应的时间表（表的最顶端）[2];

· 栏目 [1] 显示了工作的顺序，以及对应的工作时间——开始时间和完成时间，[3] 和 [4];

· 关键节点 / 日期 / 截止时间 [5]，以菱形记号显示;

· 各项任务的负责人 [6]。

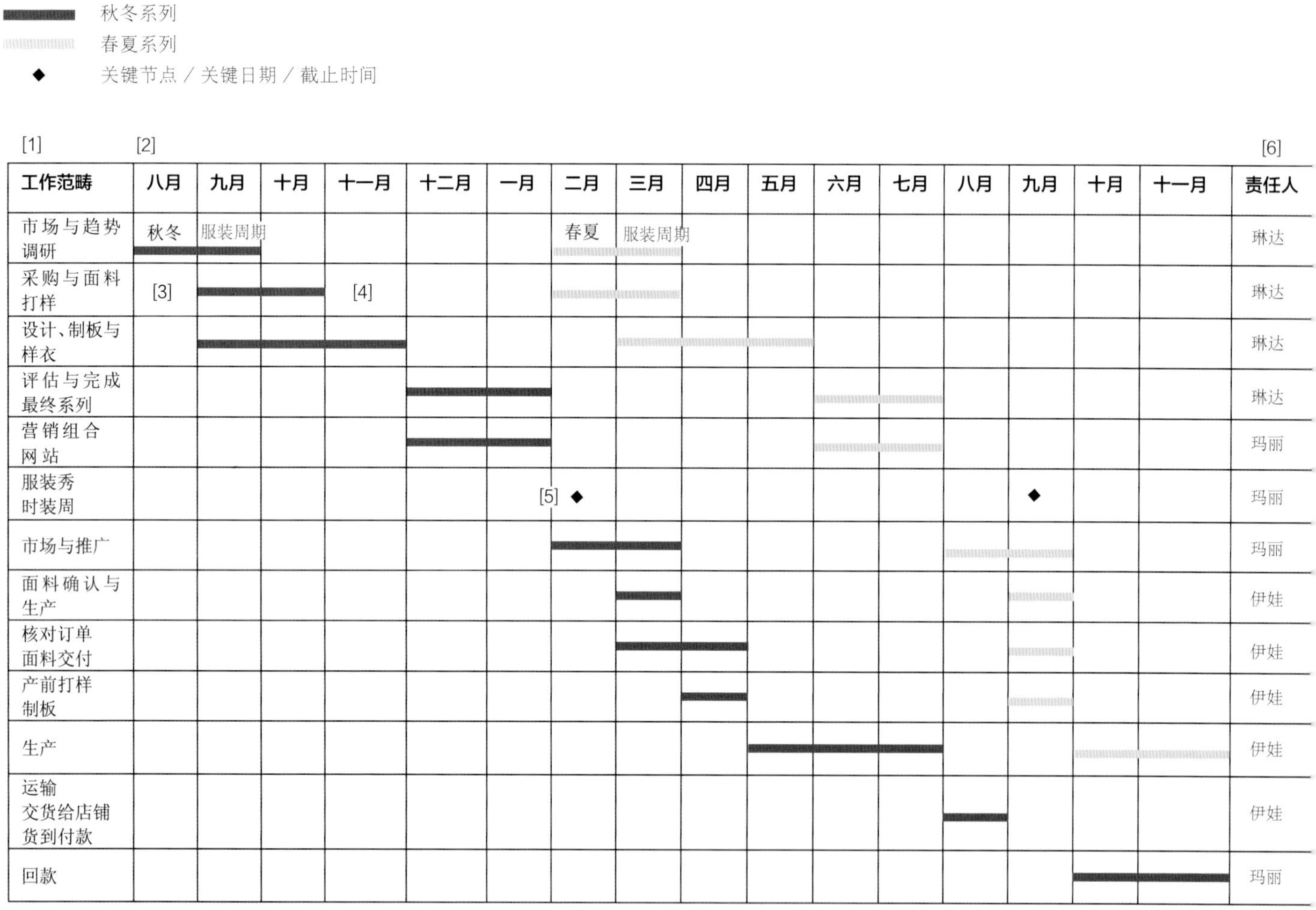

秋冬系列

春夏系列

◆ 关键节点 / 关键日期 / 截止时间

[1]	[2]																[6]
工作范畴	**八月**	**九月**	**十月**	**十一月**	**十二月**	**一月**	**二月**	**三月**	**四月**	**五月**	**六月**	**七月**	**八月**	**九月**	**十月**	**十一月**	**责任人**
市场与趋势调研	秋冬	服装周期					春夏	服装周期									琳达
采购与面料打样	[3]			[4]													琳达
设计、制板与样衣																	琳达
评估与完成最终系列																	琳达
营销组合网站																	玛丽
服装秀时装周							[5] ◆							◆			玛丽
市场与推广																	玛丽
面料确认与生产																	伊娃
核对订单面料交付																	伊娃
产前打样制板																	伊娃
生产																	伊娃
运输交货给店铺货到付款																	伊娃
回款																	玛丽

表 10.2 服装设计项目柱状图。展示了规划一个服装设计项目过程中柱状图的作用——从设计、销售、制作到分销。
注意秋冬和春夏周期的重叠。当然，这需要根据各个国家的气候进行调节。

表 10.2 服装设计项目柱状图：琳达 [6] 从 8 月份开始了设计周期，市场 / 趋势调研、面料样品、设计和制作样衣。一月份整个系列完成，包括用于销售和市场推广的资料（宣传册、产品结构表、画册和网站）

二月份，时装周期间，在服装秀上推出整个系列 [5]。二月份接受销售订单，订单核对后在三月份完成。三月份，对根据订单准备的原材料进行确认，同时与裁剪、制作和辅料厂确认生产计划。在四月底，所有生产中需要使用的面辅料交付到位。

四月份，需要确认产前样板和样衣。从五月一日到七月底的 3 个月是大货的生产时间。所有产品在八月份运输并分销到商场里，支付方式为货到付款（COD），在十月和十一月份全部回款。

在秋冬季的设计和制作周期进行时，春夏的也在进行，春夏的服装周期开始，因此设计周期会有重叠，循环往复。

依据服装的商业类型（快时尚等）和系列的多少，以及正在进展的项目，这一周期在一年里可能循环多次。

由于许多服装系列是季节性的，服装设计师提前 6 个月设计特定季节的服装。而“即时时尚”使这种前期时间大幅缩短，确保从初始设计概念到上架的快速更替。与之相比，如果有的公司需要用到特别的面料、印花和色彩，可能提前一年就开始准备了。

由于大众对新款式和快时尚的需求，从调研到分销的设计周期变得越来越快，也越来越短。以表 10.2 为例，有的公司可能会有自己标志性，或者核心产品类别，而且遵循表 10.2 中的周期规律，如成衣系列每 6 个月推出一次。但他们也可能在期间夹杂一些更短的设计周期，推出更小型的产品系列和预告型产品。

“在我们的设计团队，我们有一个特殊的日历表，标注了所有重要的事件。这就意味着我们随时都会留意任何特殊的节假日，如中国新年、面料和贸易展会，然后计划让谁去参加。这真的很重要，特别是当有大事件发生的时候，它有利于我们分配任务，谁去哪参加，谁来负责报道大事件。

在各自不同的采购旅程和面料展会之后，我们会有一个汇报时间，大家聚集在一起，拿出自己的发现成果：什么在流行，设计中新的点子和创意。

对于我和团队的其他设计师来说，最重要的面料展始终是巴黎的‘第一视觉’和美国的‘Texworld’。我们也有可能会去上海和香港的展会，以及伦敦的土耳其面料展。”

——服装设计师路易斯·戴维斯

第十一章

板房——结构、样衣和原型

“在我的设计中，有一半是由想象控制的，有 15% 是完全疯狂的创意，剩下的则是为了面包和黄油的设计。”——马诺洛 · 伯拉尼克

作为一名服装设计师，最关键的难点之一就将将平面的服装速写和电脑设计稿转变为实体原型或样衣。正如前面的章节所描述的，你为设计所选用的面料和运用的元素和原理将会影响服装的整体轮廓和样式。

为了实现你的设计，拥有足够的工艺知识和技能非常重要。这样说的意思是，只要你在业内工作，即便你不是亲自制板或制作样衣，至少你能够清晰地与这个行业的其他专业人士（如纸样师、样衣工、生产团队、工厂人员等）进行沟通，交流，精确地传达你的设计意图。同时 ，如果你选择自己创业，则可能会更多地参与实际操作，与那些缺乏这方面知识的设计师相比，你会更有竞争优势。

本章将讲述以下内容：

板房：工具和设备；

制板：制图和立体裁剪；

工艺：制作样衣和原型；

缝制、细节和后整理。

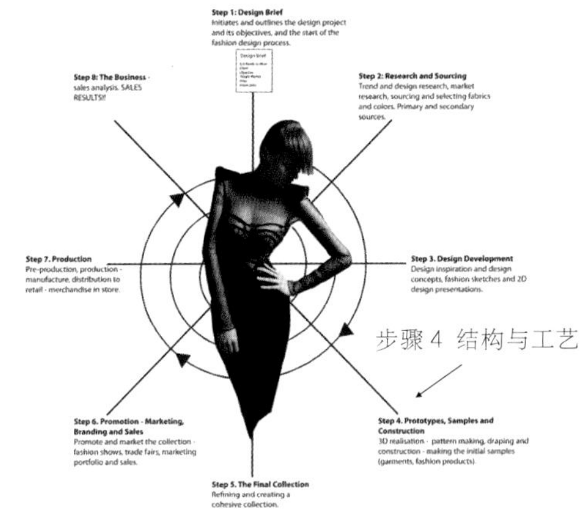
Step 1: Design Brief
Initiates and outlines the design project and its objectives, and the start of the fashion design process.
Step 2: Research and Sourcing
Trend and design research, market research, sourcing and selecting fabrics and colors. Primary and secondary sources.
Step 3. Design Development
Design inspiration and design concepts, fashion sketches and 2D design presentations.
步骤 4 结构与工艺
Step 4. Prototypes, Samples and Construction
3D realisation - pattern making, draping and construction - making the initial samples (garments, fashion products).
Step 5. The Final Collection
Refining and creating a cohesive collection.
Step 6. Promotion - Marketing, Branding and Sales
Promote and market the collection - fashion shows, trade fairs, marketing portfolio and sales.
Step 7. Production
Pre-production, production - manufacture, distribution to retail - merchandise in store.
Step 8: The Business - sales analysis. SALES RESULTS!!

图 11.1 服装设计流程图（详见第 11 页）

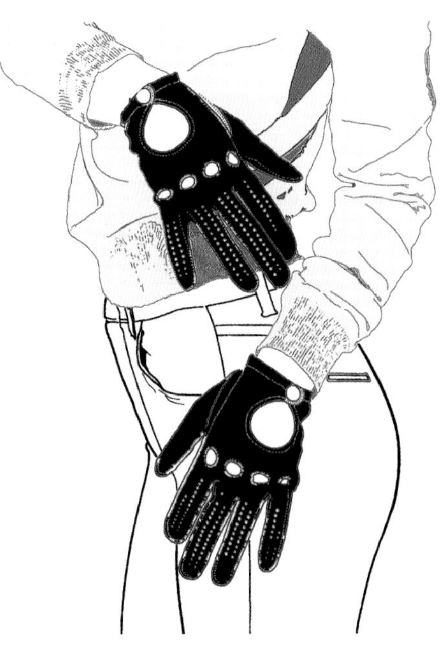

左页图和右图：时装画家蒙塔娜 · 福布斯作品，将产品的细节绘制得非常清晰。

1. 板房

在板房，你可能会和纸样师、样衣工和设计师团队一起工作，或者也有可能你是在自己的工作室，完成所有的工作。如果是在学校，通常都会有技术专业人士为你提供建议，指导你掌握纸样和缝制技能。

行业内的设备和工具

通常，设备都是行业标准化的，但也可能包括某些家用设备，尤其是在小型创业公司：

· 纸样裁剪桌
· 人台
· 工业平缝机
· 包缝机
· 纽扣锁眼机
· 蒸汽熨斗 / 工业熨斗、熨烫台、黏合熨烫机

其他设备可能包括：刺绣机、针织机，如果制作服饰配件、帽子、袜子、书包等需要特殊设备。专用的设备：CAD（计算机辅助设计制作样板）、激光裁剪机和数字印刷机（用于面料）。

纸样绘制和缝制工具

· 法式曲线板（用于绘制和测量曲线）
· 长方尺
· 圆规
· 米尺
· 卷尺
· 剪纸刀、面料剪刀
· 旋转切刀
· 小剪刀
· 尖锥
· 月牙剪
· 打孔器

划粉、别针、针线，用于缝纫机的卷线轴，铅笔和马克笔。

2. 纸样绘制和立体裁剪

工艺单：在第一套纸样绘制之前，需要制作一张工艺单，附有相关的细节。这张工艺单用于样衣的制作和大货的生产，并根据需要进行修改，更新。

将设计稿按比例缩放，有结构线、款式细节、前后视图、规格和关键尺寸，包括标签位置、线迹细节、面辅料细节，以及其他特殊要求（刺绣、面料印花等）。工艺单是设计师与纸样师、样衣工和生产团队沟通的最主要资料（见附录的设计与生产过程）。在设计进入生产阶段之前，工艺单必须绝对精确，以确保制作团队（面辅料采购人员和生产部门的人员）知晓哪些说明必须严格遵守，避免发生不可挽回的错误。

上图：打样室，样衣工正在使用工业平缝机制作系列的样衣。这个工作室可容纳多个样衣工，可以完成小批量的产品缝制。

下图：纸样绘制工具，包括法式曲线板（用于绘制弧线，如袖窿弧、领围线）、金属直尺、三角尺。

绘图软件

绘图软件可以采用 Illustrator 和 CorelDraw,绘制工艺图非常理想(见附录的相关内容)。

标准尺寸：在服装行业内，用于纸样绘制、推板，甚至是标记过程中的标准尺寸不断得到完善。美国使用英制的测量标准，但更多的国家使用公制测量标准。如果你使用标准的人体尺寸绘制纸样，你必须与合作的公司或工厂进行沟通，确保你使用的是他们的规格尺寸。而且各个国家的标准可能不一致，美国的女装样衣尺寸通常是 8 或 10，但是在英国，是 8、10 或 12。

第一套纸样：首件样衣根据这套纸样进行裁剪和缝制，采用标准的样衣尺寸。纸样可平面绘制（手绘或电脑绘制），也可在人台上完成。

人台：对于设计师和样板师，人台是非常重要的辅助工具，这样款式线和结构线可以清晰地标注，据此再制成纸样或样衣。

有多种人台可供选择：女装人台、男装人台、童装人台（女孩、男孩、幼童）、孕妇装人台、上半身人台、裤装人台，而且具备多种特征，如可调节高度、肩部可抽取，并灵活自如地伸展，可卸的胳膊和腿。

立体裁剪和造型：这个工艺是利用人台来完成纸样设计，尤其是在制作高级定制装、晚礼服、软材质的设计（运动衫、丝绸面料）、斜裁和创造复杂的造型的时候使用。利用坯布、白棉布和实际面料进行立裁，有助于设计师和纸样师查看服装的比例和线条，并在立裁的过程中不断更改和完善设计。每一片都被清楚地标记（如前中、前后、侧缝、肩部和省道线），然后再从人台上取下，拷贝到打样纸上。

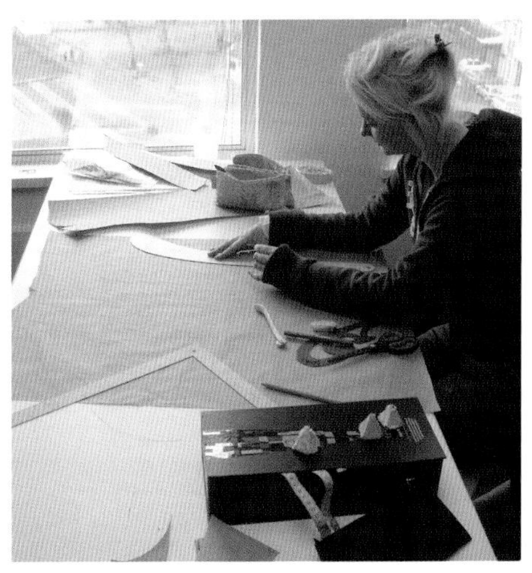

平面纸样：平面纸样根据原型绘制，原型是最基本的样板（上衣原型、袖原型、裙装原型、裤原型、茄克原型），它们是根据一组具体尺寸而绘制的，完全符合标准尺寸。每一个新的款式都会使用到标准原型，然后再对省道进行改动，调整缝份线。每一个公司都应有自己的标准服装原型。

在高定服装和定制业中，客户会有根据自己身体尺寸绘制的原型。将这一原型存档，这样在下次制作其他服装的时候，不需要重新制作原型。

上图：技术人员正在绘制平面纸样。

下图：服装设计师乔治娅·赫德莱恩作品。服装效果图以及在人台上的立体裁剪效果。

服装设计师乔治娅·赫德莱恩：立体裁剪是服装设计的一种非常有创意的方式，通过对面料进行塑造，对廓型、线条、肌理和形式进行试验，采用褶皱、褶裥、堆叠、裁剪、斜裁并用别针固定面料等手段，创造理想的服装造型。

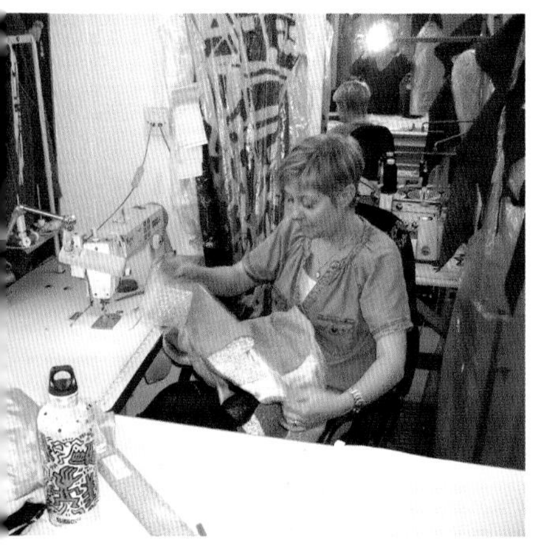

3. 工艺——样衣制作

首样

通常，首件样衣采用比较廉价的面料制作，如本白坯布、白棉布，或者是与最终产品在克重和特征上相类似的面料。采用替代面料的好处是可以观察服装的外观（合体性、悬垂性等）如何，并对其进行修改，不至于浪费最终产品的昂贵面料。

在服装行业，样衣通常由样衣工制作，他们非常专业，能够制作整件样衣，并知晓服装生产的各种技能。在很多服装公司，第一件样衣可能是由生产大货的工厂制作，这有可能是在海外进行，因此，更加强调了工艺单准确性、详细绘制的重要性，避免对设计产生误解，造成巨大损失。

合体性：接下来是检查样衣在模特（真人模特）身上的合体性。此外，还要确认服装的整体设计效果、舒适性，以及方便走动都需要考虑周到：

· 样衣应该容易穿脱——检查拉链长度、领围的尺寸、纽扣开口；

· 模特穿上后要容易走动——长直身裙可能需要侧部和后部开缝，下摆围度加大；

· 如果样衣有袖子，模特的双臂需要伸展自如——检查袖窿弧不要太深、太浅和太紧；

· 模特穿着服装后可以很容易坐下；

· 模特在走动时，样衣不会从肩部掉落。一些露肩和露背的服装可能会有这个问题，可能需要紧身衣、丝带，或者透明轻薄的面料等，帮助服装定位。

上图：皇家艺术学院的样衣技术人员正在制作样衣。

中图：伯恩茅斯大学的教授和学生在人台上进行立体裁剪。

下图：鞋靴设计师索菲亚·格雷斯·韦伯斯特在皇家艺术学院开发鞋子原型。需要使用特殊的设备来缝制皮革材料，利用了鞋楦为鞋子定型。

最终样衣：在对首样和纸样进行修改后，再制作一到两件样衣，使其达到完美的合体性。样衣审批后，才能裁剪实际面料制作系列的样衣。

前期成本：在此阶段，将样衣发给成本预算员进行服装生产的成本核算，并提出提高生产效率的建议，或者达到更高的水准：可能是制作工艺或者速度的提升，同时对面料进行预算（制作一件服装需要多少面料）。在生产阶段，一个小小的改变可能大幅节省成本。例如，面料成本可能占整件服装成本的 60% 左右，还需要辅料、印花等。对于高级成衣，其利润率可能达到 120%，零售商可能在此基础上增加 100% 到 150%。

排料与裁剪：当在面料上铺放和标记纸样时，必须标记正确的布纹线（横向、纵向、斜向）。还有其他需要考虑的因素：

· 如果是格纹面料，必须对格。例如，侧缝、下摆和翻领必须左右对位。

· 如果是绒毛面料，例如丝绒或者灯芯绒，裁剪时需要使绒毛在相同的方向（从上到下，或者底纹需要与面料铺设的方向吻合）；

· 如果是柔软或者有弹性的面料，例如，色丁、丝绸、针织布、汗衫布，需要仔细铺设和标记，以免面料被拉伸而变形。

上图：服装设计师娜塔莎·戈德梅恩作品。宽松裁剪的丝绸面料定制套装效果图，翻领、口袋和侧缝的格纹必须对位。

服装设计师乔治娅·赫德莱恩作品“牢笼”系列。平面的速写稿、人台上的立体造型效果以及服装成品。
模特：安娜·巴勒维

4. 缝法、细节和装饰

在服装行业，根据服装和面料的类型，可以选择各种各样的缝法、细节处理和装饰。大多数都是由机器完成，但是在高级时装和定制服装中，会选择手工装饰和细节处理。

在生产过程中，大多数的工艺都采用工业平缝机完成，可以搭配使用其他类型的针脚、配件和合适的针宽。

1.

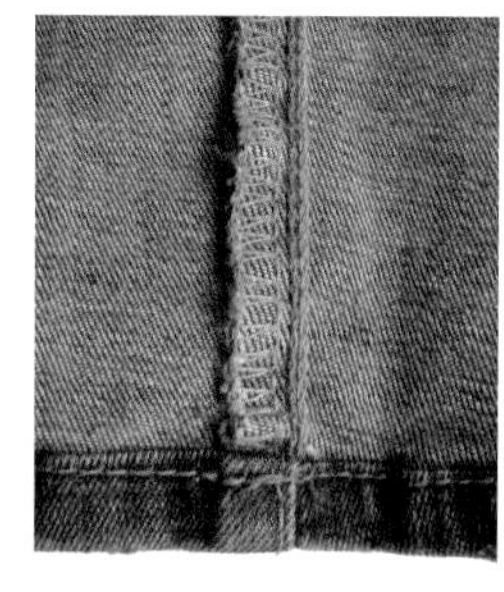

2.

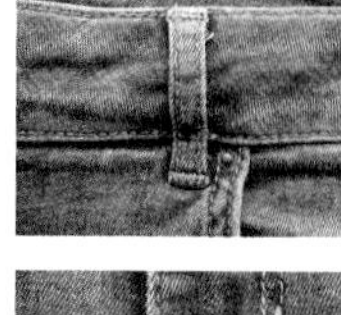

3.

4.

5.

6.

经典五口袋对比线迹牛仔裤：

1. 内里——平缝，有包缝的装饰效果，这是最常用的缝法，适用于大多数面料。使用工业平缝机缝合，裤子内部的缝份可以分烫倒向两边，或者倒向一边，再缉明线。

2. 右侧——贴边缝或折边缝，牛仔服装（牛仔裤、牛仔茄克等）最常用的缝合方法。右边通常有双针线迹，这种缝法会产生一组对比的明线。

3. 前部——腰带处的带襻上打套结，口袋处有金属钉。前拉链处设置带襻，增强拉链牢固性，并且双针缝合。

4. 后部——后袋／五点式口袋，缝制了李维斯品牌标签，口袋上缉线，品牌铆钉，皮革补丁，侧面钉标签。

5. 牛仔裤前片——双针缝合的硬币口袋，线迹产生对比，钉铆钉。

6. 牛仔裤前片——双针拉链门襟，锁孔纽眼，品牌钉扣。

7. 丝质罗纹——包缝，平服链式线迹。

8. 针织罗纹——包缝，平服链式线迹。

模特身着皮革和针织面料混搭的茄克外套，搭配弹力莱卡棉皮裤。

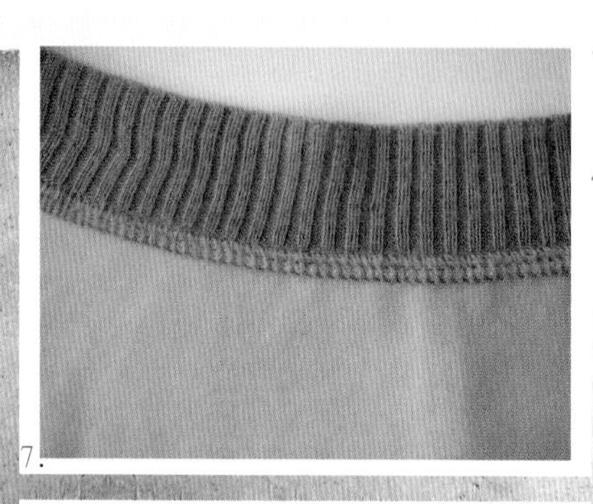
7.

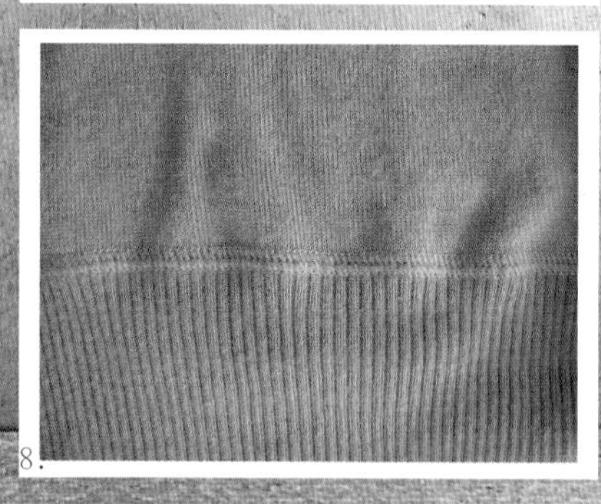
8.

男装设计师比克作品。独立设计师，高级成衣，秋冬系列。将皮革与弹力面料结合，形成其独特的标志性风格。

右图和下图，从左到右：丝绸服装、女性内衣、定制服装、高级时装精致的细节和装饰效果。

1. 服装设计师克莱门茨·里贝罗伦敦时装周作品。运用拉链和轻薄面料塑造装饰细节，创造极具创意的图案和刺绣效果，整体廓型干净利落。

2. 法式接缝和针脚下摆——运用了精致而透明的面料，使服装显得更加高档。奢华面料、丝绸服装、女性内衣。

3. 颈部、袖窿和边缘本布包边。

4. 使用一根拉链和透明面料，塑造独特的定制图案。

5. 内衬蕾丝服装——下摆和侧缝作为单层缝合。

6. 丝绸上装——后颈部开口，包扣连接。

7. 黑色小镶边，用于突出裙装上的腰带细节（克夫、侧缝、领边）。

8. 宝石装饰的编结带和环扣，作为颈部装饰。

1.

2. 3. 4. 5. 6. 7. 8.

1# REQUIEM

MASCULIN-FÉMININ
Masculine-feminine

宽松、裤脚上翻高腰裤，有背带，衬衣为法式克夫。

宽脚高腰裤，有克夫，搭配背心，衬衣为褶裥袖。

LANVIN

第十二章

最终产品系列——推广和销售

"时尚瞬息万变，但风格永存。"
——伊夫·圣·罗兰

在服装设计过程中，做好样衣和原型之后，就是编辑和最终敲定整个系列。设计师的一个关键作用就是将设计作品整合成一个连贯的系列（服装产品结构或范畴），但这并不是整个设计周期的最后一步。设计系列需要推广，需要市场化和品牌化，通过时装秀和商贸展会将产品销售给买手和顾客。各行各业都需要推广才能实现利益和销售。

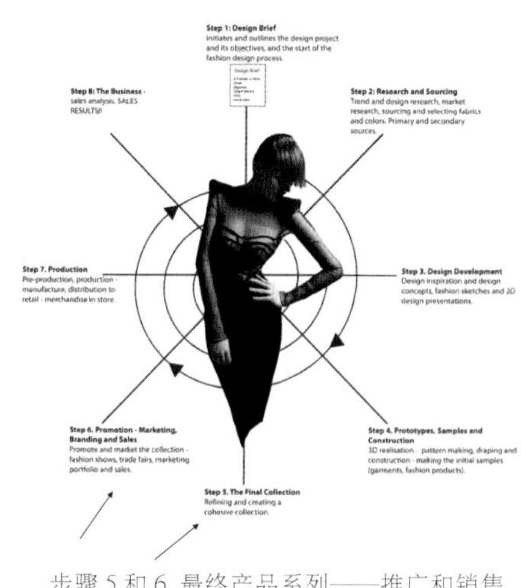

Step 1: Design Brief
Initiates and outlines the design project and its objectives, and the start of the fashion design process.
Step 2: Research and Sourcing
Trend and design research, market research, sourcing and selecting fabrics and colors. Primary and secondary sources.
Step 3. Design Development
Design inspiration and design concepts, fashion sketches and 2D design presentations.
Step 4. Prototypes, Samples and Construction
3D realisation - pattern making, draping and construction - making the initial samples (garments, fashion products).
Step 5. The Final Collection
Refining and creating a cohesive collection.
Step 6. Promotion - Marketing, Branding and Sales
Promote and market the collection - fashion shows, trade fairs, marketing portfolio and sales.
Step 7. Production
Pre-production, production - manufacture, distribution to retail - merchandise in store.
Step 8: The Business - sales analysis. SALES RESULTS!!

步骤 5 和 6 最终产品系列——推广和销售

图 12.1 服装设计流程（详见第 11 页）

本章节将讲述以下几个方面的内容：

·设计统筹会议——讨论设计纲要列出的各个目标，编辑筛选产品结构以获得整体统一的产品系列。

·市场营销、品牌策划和销售——推广和销售服装产品系列的方法和工具。

·纺织服装大事表——全球各地展会活动的安排。

·服装展销会——对服装产品系列进行展示、推广和沟通，促进销售。

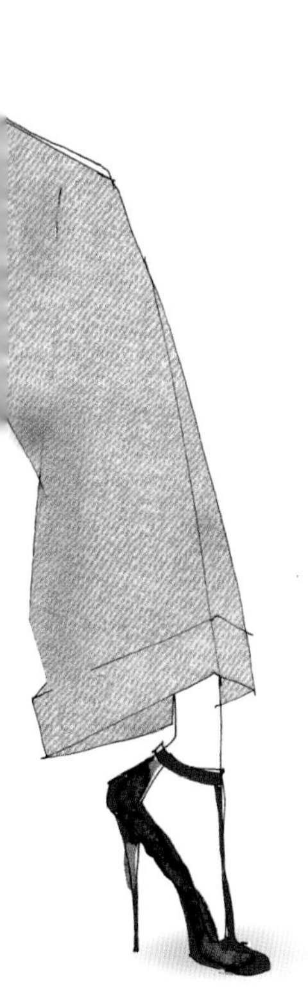

左页图：由巴黎 Promostyle 资讯公司提供，来自他们的冬季女装趋势目录册，主题"阳刚－女性化"。

上图：鞋靴设计师索菲亚·格蕾丝·韦伯斯特创意鞋系列的效果图。

下图：服装设计师杰西·露露作品。最终的产品系列应该与目标消费者需求保持一致，有清晰的主题和廓型，并且风格统一。

1. 设计统筹会议

在服装行业，会定期举行会议来确定整个设计概要的进展情况。谁参与会议以及会议的主题取决于当时设计过程进展到哪一阶段。会议内容大体涉及以下几个方面：

· 设计／创意总监和设计团队一起讨论外观、主题、款式细节、颜色、面料以及设计进度；

· 生产团队主要负责研讨生产需求、成本控制和计划；

· 市场营销、品牌策划和销售部门会商榷推广和销售策略；

· 采购团队／买手会决定开发计划、采购预算以及产品交期。

最终产品系列：设计团队或者管理层可以决定最终哪些款式被选中。如果你自己拥有一个小公司的话，也可以自己来做决定。表 10.1 设计概要列出了要求和目的，可以作为决策制定过程的实用指南。

编辑筛选阶段：编辑一个产品系列一般经历以下几个阶段：

阶段 1：坯样制作阶段，在大货面料制作成成衣之前；

阶段 2：用最终选定的适合的面料制作成样品之后进行筛选；

阶段 3：所有的款式已经用确认的面料制作完成，在这个阶段，需要用更加挑剔的眼光去审视版型、平衡、比例等；

阶段 4：即使产品正在销售也有机会进行修正——如果某个款式可能销售不佳，可以直接放弃，以免影响系列中其他款式的销量。

编辑筛选产品系列需要考虑以下几个方面：

数量： 这个产品系列到底需要多少数量？每个产品系列的规模不尽相同。一个独立的设计师通常在一个系列中可以制作大约 12 个款式，经过混合和搭配，就可以生成大约 20 种不同外观的产品。比较大的著名品牌，如浪凡、夏奈尔、古驰、斯特拉－麦卡托尼，在时装秀上可能会展出 100 到 200 套甚至更多的服装。对于学术场合，10 套服装是比较理想的。

独立性： 这个系列是否自成风格？款式的组合是否恰当，可以形成不同的搭配方式？是否还需要一件上装或者下装款式来平衡整个系列？

价格： 全部的服装是否符合目标消费市场和群体的价位需求？这些产品是否物有所值？消费者是否愿意为其买单？与成本控制专家或者工厂重新审视下产品成本是必不可少的步骤，他们可以帮助你找到成本更优化的方法来制作这些产品。

匹配： 需要专业的技术和品质来匹配你所定位的价格：优良的做工、合体的版型、干净而得体的展示（没有线头、熨烫平整）、正确的吊牌。

精炼： 你的产品应该风格统一、协调。它需要一个清晰的主题和统一的廓型。在审视整体风格的时候应该果断。据调研表明，太多的款式选择会让人无从下手，很难做出决定。而且你还会发现，有 1/3 甚至更多的样衣会被剔出系列，因为它们与设计目的不匹配！

多余的样衣： 你或许会需要多准备几套样衣。特别是如果有代理公司或者代表处同时在销售这个系列，或者媒体需要样衣的时候，都要备样。通常样衣都要求根据产品系列确认的颜色和面料来制作。

产品系列最终确认后，就进入到设计流程的下一步：市场营销、品牌策划和销售。

本页图：服装设计师比克的作品，推出服装系列一个关键的因素是创造正确的形象。比克在伦敦时装周上推出了他的男装系列，服装摄影照片非常专业，用以推广他的品牌。

2. 市场营销、品牌策划和销售

这个步骤就是将产品呈现给媒体和广大消费者，同时它还包括各种宣传推广的方法和手段，通过传统途径、电子商务以及社交网络的广泛撒网营销模式进行广告宣传和产品销售。

作为一个服装设计师，你可能需要花精力来设计以下内容：

· 新闻发布材料、零售资料、产品画册、产品款式清单；

· 商务名片、标签、吊牌、便签、包装；

· 产品目录册、产品明信片、推广邮件；

· 网站（脸谱网、推特、领英、优酷等）；

· 时装秀、贸易展会与活动。

品牌：这包括显示在宣传材料和产品上的标志品牌标识标。“品牌认知度”是一个非常重要的因素，特别是在制作一个非常市场化的产品，比如服装系列或者产品线。服装公司从成立到成长为一个品牌，慢慢拥有知名度并为消费者所认可需要花很长一段时间。如今的消费者“品牌意识”非常强（对品牌及其声誉的感知），所以塑造一个“正确”的品牌形象非常重要。

商标：因其十分容易被识别而成为品牌形象的重要组成部分。它可以是符号、图片、设计细节、颜色甚至是流行语。

名片：当在商务会议、时装秀以及贸易展会上会见客户、供应商时，交换名片几乎是约定俗成的。名片是展示你以及你的公司形象的第一步，包含了所有必要的联系方式：名字、公司、职位、电话、详细的联系方式（电子邮件、网站等）、商标（可以是你的产品图片）。

服装标签、吊牌、公司文具以及包装：品牌标识涉及到服装的标签（内置标签、吊牌）、公司的文具，包括电子文件（抬头设计、订单表格和发票），还包括衣架、便签本和包装（纸袋、购物袋、纸巾袋、购物包装）。

产品手册（目录）、明信片、推广邮件：这些工具都是用来宣传产品和商务信息的。包括详细的商务内容、商标、产品细节以及最新产品的图形展示（款式效果图／照片）。这些信息可以通过邮寄、电子发送和贸易展上的展示等方式传递给买手和客户。

新闻发布材料、零售资料、产品画册、产品款式清单：这是将公司及其产品介绍给买手和媒体的综合方法，展示文件可以装在双口袋的文件夹中，包括公司和品牌的介绍、名片、产品画册（服装系列的照片或者效果图）、产品的介绍（面料、色彩范围、型号，现有库存和价格），最新

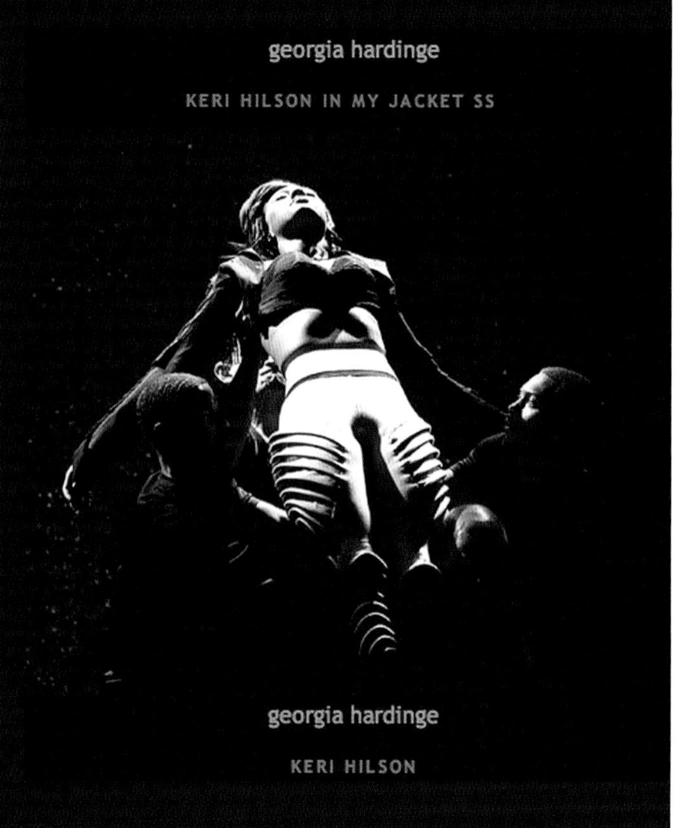

的相关新闻报道的复印件。全面详尽的资料需要耗费成本来制作，所以一般只送给重要的客户／买手或者那些将对这些产品进行评论的媒体。如今常规做法是将这些资料数字化，可以存储在磁盘上，或者以pdf的格式邮件发送，或者从网站上下载。

网站／社交网络：互联网已经成为一个重要的商务平台，通过这个平台来展示商务细节、产品、服务并促进销售。网站可以展示品牌形象、清晰的视觉图片以及相关的信息。带存货单链接的网站也可以简单地用来推广服装系列，或者作为在线销售的网站，例如：www.style.com.

PR（公共关系）和新闻报道：服装公司和设计师经常会找公关公司来做代理，他们负责联系新闻媒体，沟通下一个产品系列及其相关内容——联系时尚编辑（导演、美容编辑、创意总监等）、媒体单位和摄影师。新闻报道包括评论、采访、时装摄影，发表在报纸、收音机、电视、互联网、博客、脸谱网、推特上等。

品牌：品牌标识——很多服装品牌花费大量精力进行品牌策划，来塑造自己公司的‘品牌认知度’。他们的品牌标识很容易识别，与其特定公司的款式、设计以及产品紧密相连。

下图从左向右，服装设计师乔治娅·赫德莱恩作品。从平面概念到三维立体的实现、推广材料。乔治娅的创新风格获得歌手凯莉·希尔森的认可，右图为时装摄影推广。乔治娅·赫德莱恩的设计灵感源于建筑造型、雕塑，并且对裁剪进行试验，创造出结构优美的服装。其中很多设计作品获得一大批名人粉丝的追捧，包括英国电子女歌手“小靴子”、英国性感女子组合“星期六女孩”以及名模艾琳·欧康娜。

3. 纺织服装大事表

右侧表格中列出了一些重要的国际服装纺织展会和一般的日期。

总所周知，四大时装之都是纽约、伦敦、米兰和巴黎，各个城市连续举办时装周，一年两次，每次四周之久，主要的高级成衣（女装）展都会列入日程表，以供买手、媒体和编辑参考。为适应服装纺织行业的周期，时装秀分为春夏和秋冬两种类型，例如，春夏季的设计师品牌系列（女装）通常始于九月中旬，因为在这个时候，上一年二月／三月推出的秋冬产品系列已经开始在各店铺销售。

纺织服装日程表	
一月	米兰男装秋冬系列发布 巴黎男装秋冬系列发布 巴黎秋冬高级成衣预发布会 美国春季服装面料展——纽约 意大利佛罗伦萨纱线展（针织产品） 巴黎，春夏高级成衣定制
二月	纽约时装周和男装秋季发布会 伦敦设计师系列发布／秋冬成衣秀（女装） 米兰设计师系列发布－Milano CollezioniDonna 高级成衣秋冬系列（女装） 巴黎“第一视觉”（Expofil,Indigo）面料展（色彩和纱线流行趋势）
三月	巴黎设计师系列／高级成衣时装展、秋冬系列展（女装）
四月	
五月	跨季产品系列／预发布
六月	佛罗伦萨春夏女装预发布 伦敦毕业生时装发布周（学生作品 T 台秀） 纽约度假系列发布会 米兰春夏设计师系列（男装） 巴黎春夏系列发布会（男装）
七月	意大利佛罗伦萨纱线展（针织产品） 巴黎，秋冬高级成衣定制
八月	美国拉斯维加斯 MAGIC 国际服装服饰博览会（服饰及面料） 纽约男装春夏系列发布会
九月	纽约时装周春夏系列发布会 伦敦设计师系列发布／高级成衣春夏系列（女装） 米兰设计师系列发布／高级成衣春夏系列（女装） 巴黎“第一视觉”国际面料展和 Expofil 纱线展（色彩和纱线流行趋势） 巴黎女装设计师系列／高级成衣时装展、春夏系列展
十月	香港国际时装材料展 中国上海国际服装面料展

表 12.1 这个日程表仅供参考，具体的日期每年都会有变化；时装展的活动非常丰富，全球每年都会举行很多新的发布会，可以通过网络确认实际信息（可参考网络资源中的内容）。

纺织面料展通常在新设计产品进入店铺销售之前一年举办一次。在这个日程表里，你也可以加入其他城市举办的时装周，悉尼、开普敦、奥克兰、中国香港等。有一些创新独立的展也不断涌现，并逐渐占据举足轻重的地位，例如 On/Off 伦敦时尚摄影展、巴塞罗那的Bread & Butter 服装展。

4. 时装秀 / 贸易展

时装秀毋庸置疑是一种文化现象，它为现有的以及新兴的设计师和品牌提供了优越有利的展示平台。同时它也是一种成功的公关手段，因为媒体新闻记者都会大肆报道时装秀上所有设计师作品的各个照片和细节，其目的不外乎推广、宣传或者娱乐。

然而，有一些设计师并不选择 T 台展示，他们仍采用人台展示，这些人体模型以各种姿态静静站立展示，观众们（买手、摄影师等）可以一边参观一边记笔记。

虚拟展示和流媒体：借助于网络和电子商务的支撑，在线虚拟服装展示和流媒体的应用越来越流行。

像 Ralph Lauren、Gucci 等越来越多的品牌开始采用虚拟服装秀这种有利手段来推广新的设计系列，它可以是一场很简单的 T 台秀加入时尚杂志编辑们的点评，模拟出一种真实点评效果，或者在线与顾客互动交流。

2010 年巴宝莉成功推出了新产品系列并向全球范围的 25 个国家进行了现场直播，受邀的顾客可以在 Ipad 上浏览这些产品并可以马上下单购买自己喜欢的外套和包包，只需要 7 周就能收到货。这种快速反应大大缩短了交货周期，超越了传统供应链模式下 6 个月之久的采购和生产周期。

Prada、Dolce&Gabbana、Gucci 以及其他很多设计师品牌都开始利用流媒体在他们的网站和脸谱网上发布时装秀，以促进销售。

贸易展：每年的贸易展都会吸引成千上万从世界各地而来的买手们，他们在这里寻找新的理念和产品，这些产品或是出自于新生代设计师，或是已经合作过的设计师。贸易展的一个很重要的优势就是企业或者设计师可以通过这个平台认识和接见很多买手和顾客。

不管是时装秀还是贸易展，每年举办众多，选择适合自己的才是最重要的。

下图：从左至右，Basso&Brooke 品牌展示了其统一风格的春夏季产品系列标志性款式和美学理念。

杂志社摄影师在秀台旁边准备。

伦敦时装周：设计师克莱门茨·里贝罗以静态展示的方式推出其春夏产品系列。

伦敦时装周：英伦风尚 25 年庆。

展示的其他途径：时装秀和贸易展的成本都非常高，需要支付会场、模特、编导的费用，更不用说整个产品系列的制作。因此，很多公司采取其他途经来进行产品推广：

· 直接到客户办公室拜访；

· 在自己或者代理商的陈列间展示；

· 时装周期间租一家酒店房间，在这里可以舒适地展示其产品，并安排客户在这几天内过来参观并获得订单。

获得赞助的、日程表之外的其他展出地方和发布秀：大部分的新起之秀很难负担大型的、商业化的服装发布会，但是他们可以寻求赞助商的帮助，得到服装协会等机构的创意支持和专业指导，这样在服装周期间可以在其他会场展示自己的作品。

服装秀可以在美术馆、博物馆、俱乐部甚至火车站、舞厅和特色的旧址举办。这些活动提供了一个非常好的平台，特别是对于那些新生代的独立设计师来说，是多种文化交融的舞台，集时装秀、舞蹈、表演与装置艺术于一体。这些所谓的非传统时装秀吸引了那些寻求新颖作品的买手们。只是令人感到残酷的是，除非你是一个知名设计师，否则那些主流的时装买手和媒体都去参加主要的时装秀活动了，根本没时间去参观其他展台。

毕业秀：毕业生们通常在每年年终时装秀上展示自己的作品，有时候代表赞助商或者公司参加比赛出现在时装周上。活动的观众大部分是他们的家人和朋友，最重要的是这些学生可以通过展示自己的作品将自己推销给那些赞助商、企业、设计师、媒体以及发掘新兴人才的时装“星探”。这些秀为他们的事业发展创造了众多良机。

例如，久负盛名的的伦敦毕业设计时装周就是一个非常有利的平台，很多大学和时装学院借此推广他们的新秀设计师。

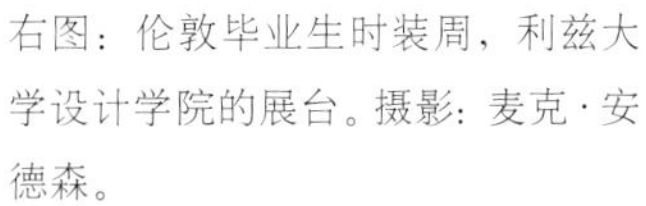

右图：伦敦毕业生时装周，利兹大学设计学院的展台。摄影：麦克·安德森。

5. 产品系列、产品范畴和销售

各服装品牌通常一年制作两个以上的产品系列，甚至四次或者更多，这都取决于目标市场的需求。这就意味着，公司的设计越接近市场，创新反应能力越快，整个服装周期就会变得越短。高街快时尚零售商，如Zara和H&M，每个周店里都会上新的款式和主题来吸引消费者。

正如我们在“色彩和面料”章节中所讨论的，随着跨季面料种类选择的增加以及生活方式（良好室温控制的建筑、车、交通工具）的改变，不同季节服装的界限将越来越模糊。

成衣预发布系列（简称：预发系列）：在高级定制时装秀和传统的高级成衣系列之间举行。买手们浏览预发布的产品系列（早秋系列或者早春系列），关注其中的关键款式与核心系列，并购买自己所需要的产品。这些款式设计并不完全以T台系列（其目的是推广直接从设计室新“出炉”的服装风貌）为参照。预发布的目的是在买手的预算还没有严格限定的时候，通过提前开启该季节的购买周期而创造更大的影响力，以促进销售。

· **自有品牌：**产品系列按照零售商的规格制作，有自己的商标或者品牌名称。

· **特许经营：**通过法律授权，允许制造商独家制作和推广带有设计师名字的产品系列。

· **高街系列：**由顶级服装设计师为高街品牌零售商设计，它是时装秀上作品的大众化版本，通常不会很昂贵，目标消费群比较年轻。

· **特定产品线：**为某个假日、特殊时期或者活动所设计的作品——例如盛夏活动、婚礼、圣诞节、毕业舞会等。

范畴、产品和生活方式

很多公司和大品牌会提供各种不同类型的系列、产品甚至生活方式以扩大自己的市场占有份额，吸引不同层次的各种消费群体。如今，生活方式的营销已经成为重要的市场营销和品牌策略。从休闲款式、美容产品、香水、珠宝、眼镜、行李箱、居家用品到酒店和餐馆，消费者都可以从自己喜欢的品牌购买。

下图：从左至右，服装设计师乔治娅·赫德莱恩的裙装展示在伦敦时装周“天桥众生”（All Walks Beyond the Catwalk）的推广资料上，这个活动颂扬模特的各种体型和造型，该组织的主要目的是致力于改变年轻设计师对于年龄和体重的态度和观念。艾琳·欧康娜、卡琳·富兰克林、黛博拉·伯恩、尼克·奈特、艾恩·兰金以及崔姬等很多名人都支持这一倡议。
中间图是在去拍三星商业广告的途中所拍，最后一张图是最终定型照。

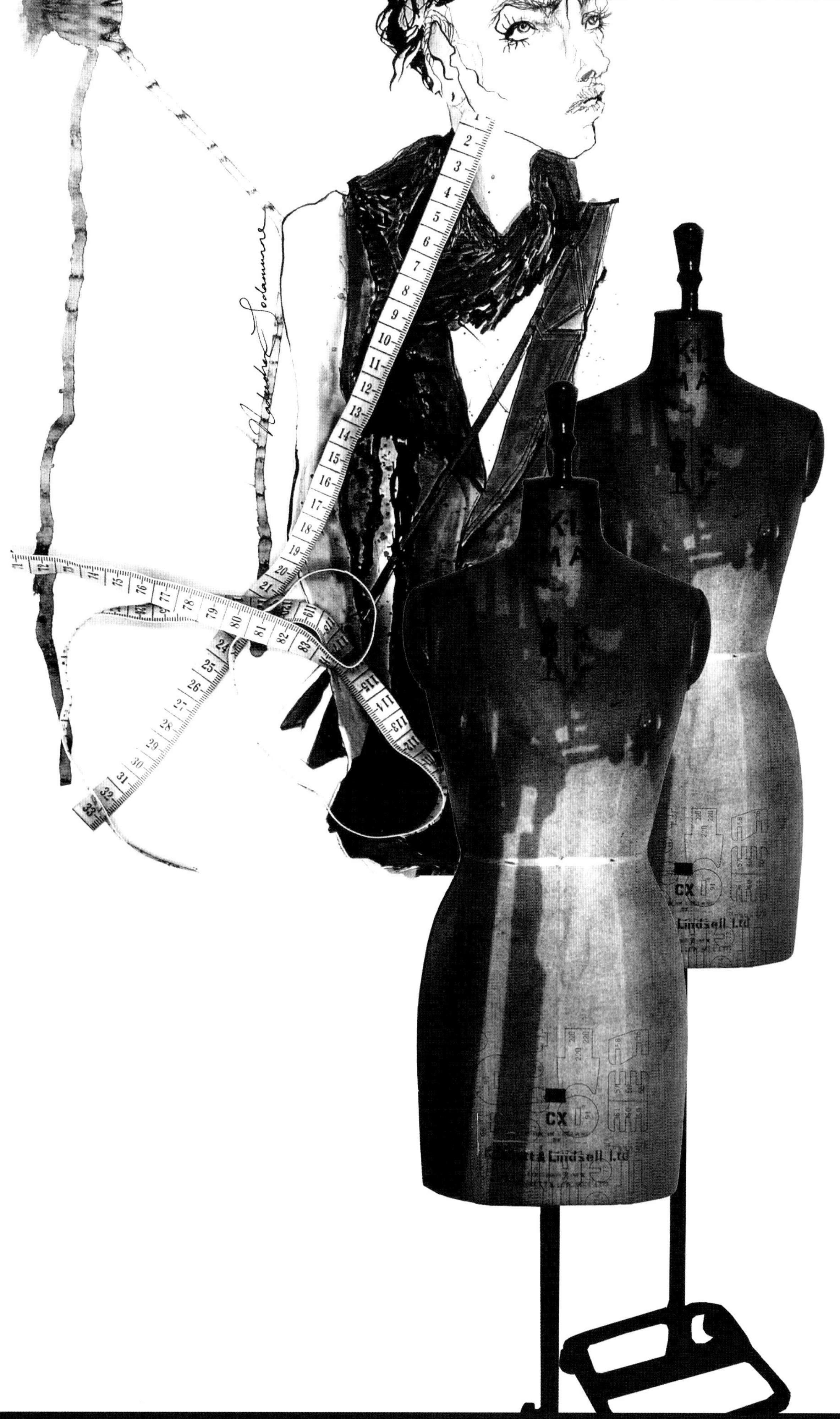
CX
Lindsell Ltd

附录

设计和生产流程

本附录部分从以下方面简要介绍了设计与生产流程：

1. 设计与生产；
2. 生产部门；
3. 款式控制表；
4. 生产控制表；
5. 尺寸测量；
6. 工艺单（规格表）；
7. 成本核算表；
8. 工艺包（规格文件）。

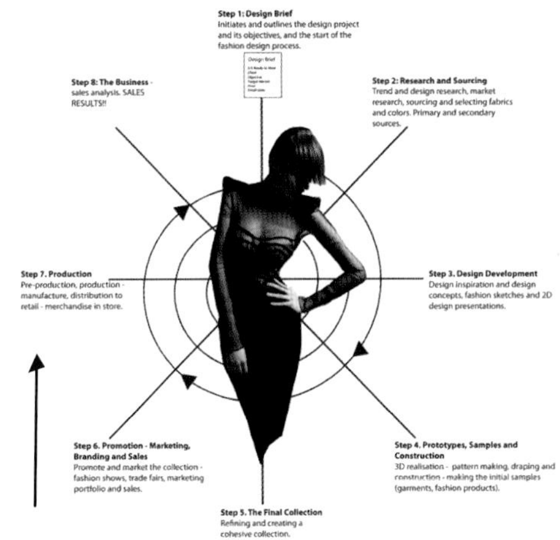

Step 1: Design Brief
Initiates and outlines the design project and its objectives, and the start of the fashion design process.
Design Brief
Step 2: Research and Sourcing
Trend and design research, market research, sourcing and selecting fabrics and colors. Primary and secondary sources.
Step 3. Design Development
Design inspiration and design concepts, fashion sketches and 2D design presentations.
Step 4. Prototypes, Samples and Construction
3D realisation - pattern making, draping and construction - making the initial samples (garments, fashion products).
Step 5. The Final Collection
Refining and creating a cohesive collection.
Step 6. Promotion - Marketing, Branding and Sales
Promote and market the collection - fashion shows, trade fairs, marketing portfolio and sales.
Step 7. Production
Pre-production, production - manufacture, distribution to retail - merchandise in store.
Step 8: The Business - sales analysis. SALES RESULTS!!

第 7 步：生产

附录图 1：服装设计流程（详见第 11 页）

1. 设计与生产

设计师想要屹立于商场，就需要设计出市场对路的产品，这就是商业现实的根本。由于设计师在很大意义上决定了其产品的特点，因此他们必须具备专业的设计能力和产品知识，充分了解产品的质量水准和成本控制，以设计和生产出高性价比的产品。换言之，设计的产品从质量和成本上都能符合市场的需求。

关于采用什么品质的面料、缝份的类型以及特殊的装饰，产品将如何生产和制造，最终的质量如何把控等明智的决策，在设计与生产过程中将产生重要的影响。

如果所有这些因素都能够充分考虑到，必然会减少生产过程中很多不必要的延误，因为很多潜在的问题在产品概念阶段都已经提前想到并解决。最后重要的一点是，设计师必须能够在生产部门所设定的各种制约下完成任务。

广泛认同的一点，“如果在产品的起始阶段（设计、面料、版型、结构方法）没有以质量为基础，那么最终大货的质量也无法通过检验来提高。”如何平衡产品的质量和成本已然成为设计领域里的商业机密。

服装设计师和生产流程：作为一名设计师，你必然会参与到生产流程中——根据你的作用决定参与度，与哪些人在哪里打交道。例如，你或许需要联系当地或者海外的生产负责人；如果产品数量小，可能当地制作，如果产品数量大，可能会在中国或者越南制造，对于那些装饰繁复的产品，可以在印度制造。

左页图：服装设计师和时装画家娜塔莎·戈德梅恩的效果图作品，服装设计师弗朗西丝·豪伊的服装人台。

服装生产过程。

2. 生产部门

作为一名服装设计师，你可能会与以下的部门合作：

·生产厂家/加工厂（裁剪、制作和后整理工厂）： 他们负责服装的生产部分以及产品的制作环节——样品制作、原型制作、放码与推挡，以及大货生产。

·生产经理： 负责产品制造过程顺利进行，确保设计规格和产品质量符合要求并保证货物准时交付。

·样板放码员： 负责对确认的样板进行放码以进行后续的批量生产。

·物流仓储经理： 负责仓储、船运、产品运输以及相关的管理工作，进出口手续等。所有这些工作的目的就是将产品从厂家运输到目的仓库，然后分发到要求的零售店或者网购服务地等。

·裁剪车间： 大货面料放置于此，排料并使用专用的裁剪刀进行裁剪，然后捆扎好（将裁片分类并整理好）以备后面的缝制工序。

·缝制车间： 服装缝制的地方，也是大家所熟知的服装流水制作。其他的操作例如黏合、烫压以及流水检验都在此进行。因为自身没有配备某些机器，一些其他的工序可能会交给合作厂制作，例如：制作褶裥、绣花和绗缝。

·熨烫车间： 这个部门负责服装产品的最后处理工序——成品熨烫。

·后处理： 成品熨烫之后，这个环节负责钉纽扣、缝制商标和吊牌等工序。

·最终检验： 严格意义上这并不算是一个生产工序，之所以设置在生产部门下是因为检验部门会对产品质量进行检查并给出最后的批复，合格还是不合格。

·包装： 进入成品仓库前的最后一个步骤，一般情况下，衬衣和内衣都是盒装，而诸如裙子这类吊挂的产品都是袋装。

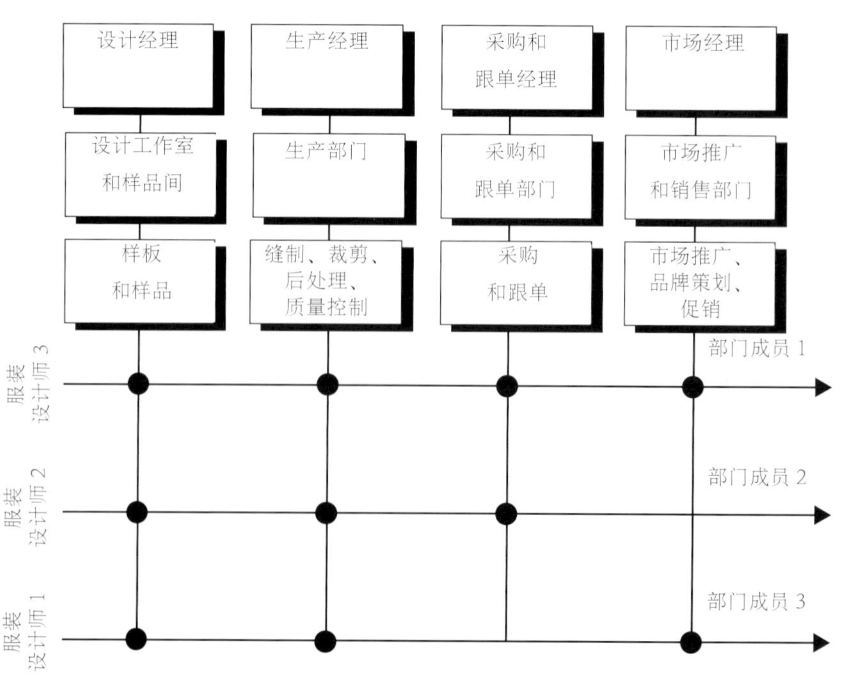

这个表格列出了每个设计项目下各个成员的不同分工。例如服装设计师1与4个团队都有交集，而设计师2则参与了设计、生产和采购三个团队，设计师3参与了设计、生产和市场推广团队。

3. 款式控制表

下表就是一个款式控制表，利用 Excel 软件创建，表中罗列了设计与生产阶段中所涉及的各项任务，可以清晰了解设计部门是如何合作完成样品制作以及整个产品系列，并在系列开发的每个阶段都指定了相应的责任人。例如服装设计师琳达・洛根负责设计，伊娃・立顿负责面料采购和准备样料，桑迪・斯蒂芬森负责样板制作，蕾妮・达根负责样品缝制，简・哈门则负责生产成本控制。同时琳达・洛根还承担了样品的修正、试衣和其他相关的细节处理。设计部经理桑迪・莫伊内特负责最终样品的确认。

款号：01s1/s12		款式控制表			
款式描述：裙子					
任务	描述	所需时间	责任人	完成日期	审核日期
1	款式设计		服装设计师琳达・洛根		
2	设计细节处理		服装设计师琳达・洛根		
3	面料采购及相关细节处理		面料采购伊娃・立顿		
4	能找到的样品面料		面料采购琳达・洛根		
5	辅料成本控制		面料采购伊娃・立顿		
6	制板任务分配		样板师桑迪・斯蒂芬森		
7	纸样完成		样板师桑迪・斯蒂芬森		
8	面料利用率控制		样板师桑迪・斯蒂芬森		
9	缝制任务分配		样品技术员蕾妮・达根		
10	样衣缝制		样品技术员蕾妮・达根		
11	加工成本／制作成本		设计助理简・哈门		
12	完整的成本细分		设计助理简・哈门		
13	样品修改 1		服装设计师琳达・洛根		
14	样品修改 2		服装设计师琳达・洛根		
15	样品审核		服装设计师琳达・洛根		
16	样品的最终确认		设计部经理桑迪・莫伊内特		

4. 生产控制表

下表是一个很典型的生产控制单，利用 Excel 软件创建，表中罗列了生产和运输阶段需要完成的任务以及相应的负责人。

款号：01s1/s12		生产控制表			
款式描述：裙子					
任务	描述	所需时间	责任人	完成日期	审核日期
1	款式审核		服装设计师琳达・洛根		
2	大货面料采购		面料采购琳达・洛根		
3	大货辅料采购		面料采购伊娃・立顿		
4	大货样板的确认		样板师桑迪・斯蒂芬森		
5	大货样的确认		服装设计师琳达・洛根		
6	标签、包装到位		面料采购伊娃・立顿		
7	样板放码		样板师桑迪・斯蒂芬森		
8	排料		样板师桑迪・斯蒂芬森		
9	开始大货生产		生产经理玛丽亚・力克		
10	质量检验 1		质量控制员温迪・马龙		
11	大货完工		生产经理玛丽亚・力克		
12	质量检验 2		质量控制员温迪・马龙		
13	包装及运输		仓库经理温迪・史密斯		

5. 尺寸测量

精确量取尺寸并转化到服装样板上是实现合体服装的关键要素。作为一名服装设计师，尺寸测量的方法有两种，一是量取人体，二是直接取自服装人体模型。

在对人体进行尺寸测量时：

· 被测者需要穿着内衣以保证测量的精确性；

· 卷尺在测量时平整贴合人体，不宜太紧；

· 有些部位需要先垂直测量，然后再进行围度测量。例如，从腰线到臀围线的测量；

· 胸围：沿着胸部最丰满处绕过肩胛骨水平测量一周；

· 腰围：沿着腰部最细处水平测量一周；

· 臀围：沿着臀部最丰满处水平测量一周。

下表中列出了需要测量的人体关键部位以用于样板制作以及后期规格表和工艺包的完成（见下面的举例）。

大多数公司针对不同的号型（S、M、L、8、10、12、常规码、小码、加大码、加长码等）都有自己的测量标准。

尺寸规格表	
	测量范围
1	胸围
2	下胸围
3	腰围
4	上臀围～腰线以下 5cm 处
5	上臀围～腰线以下 10cm 处
6	臀围～腰线以下 20cm 处
7	下臀围～腰线以下 25cm 处
8	大腿围
9	膝围
10	小腿围～最丰满处
11	脚踝围度
12	肩宽
13	领围
14	前胸宽
15	后胸宽
16	臂围
17	肘围
18	腕围
19	胸点到胸点
20	肩部到胸点
21	胸点到腰围
22	前领中到腰围
23	后领中到腰围
24	侧颈点到肘围
25	侧颈点到腕围
26	股下长
27	腰围高

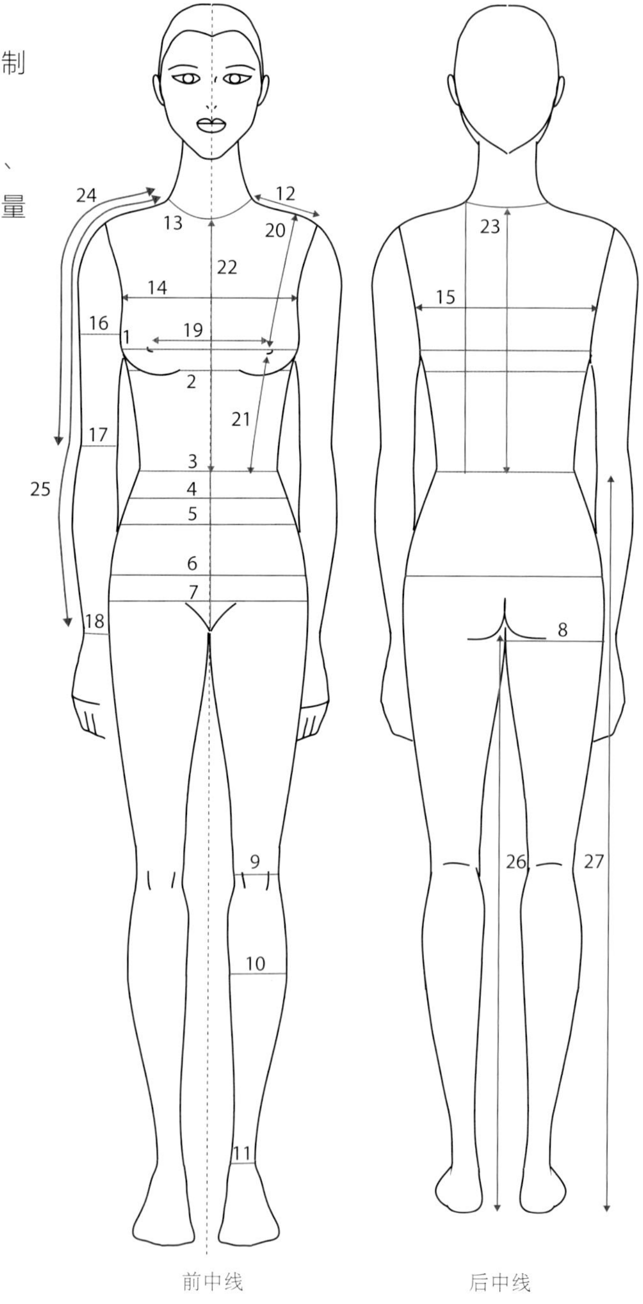

6. 工艺单（规格表）

服装设计师、设计助理以及样板师们一起参与制作该表格，在服装行业的设计与生产过程中起着重要的作用。此表包含了服装产品的所有关键信息以确保服装根据要求而制作，包括负责人、工艺图、面辅料细节以及任何特殊的尺寸测量等。

工艺单（规格表）			
款号	设计师－蒂娜	客户／买手	加工厂
季节：春夏系列	制板师	部门	样品尺码
委托单号	样衣工	交期	生成
		颜色	修改
		数量	审核
			放码
面料细节		服装描述	
面料小样	描述		
	设计	备注／辅料	其他说明
	类型	黏合衬	
	订单号	滚边	
	成分	拉链	
	质量	缝份	
	克重	缝迹	
	幅宽	底摆	
	开幅／圆筒	水洗	
	二次打样	标签位置	
	二次检验	纽扣（类型、尺寸、数量）	
	大货交期	缝线	
	面料打样	吊牌	
	设计	水洗	
		损耗率	
服装款式正面图（或者正面图和背面图）		制板师意见 （测量的特别要求——长、宽等）	
		裁剪师意见 （具体的裁剪说明）	
		样衣工意见 （具体的缝制说明）	
		后部设计（或者具体细节）	

7. 成本核算表

成本核算表涵盖了与成本相关的全部信息，包括总成本核算、服装产品的制作成本、销售价格的确认（批发或零售）、面辅料占比和成本、时间成本以及相关信息，见示例。

成本核算表

款号	买手	交期	数量
委托单号	**部门**	**款式描述**	

面料

面料描述	颜色	订单号	幅宽	利用率	利用率 + 7%	预估成本	实际成本	数值
					0			0
					0			0
					0			0
					0			0
						面料总成本		

辅料　　利用率

供应商	描述	尺寸	订单号	参考代码	米／码	数量	价格		数值
	衣架	裙装 10							
	主唛	梭织				1			
	织唛					1			
	水洗唛	干洗				1			
	吊牌	压花				1			
	胶袋								
	斜裁	25m m				0.88			
	人字带	贴商标的							
							辅料总成本		

服装款式图

面料＋辅料	
损耗	
加工费	
总成本	
利润	
销售价	
毛利	
零售价	
提供给买手的价格	
实际的零售价	
实际的利润%	

8. 工艺包（规格文件）

服装生产制作过程中所需要的技术绘图和规格表（款式设计工艺单、效果图、标签、缝制要求、配色），这些技术文件组合成一个“包”，里面详细介绍了各个细节要求，特别是对于那些样品和大货在国外制作的，母语不是英语甚至根本不说英语的地方，拿到这些文件就不需要翻译了。

服装设计师莫秀爱制作的工艺包

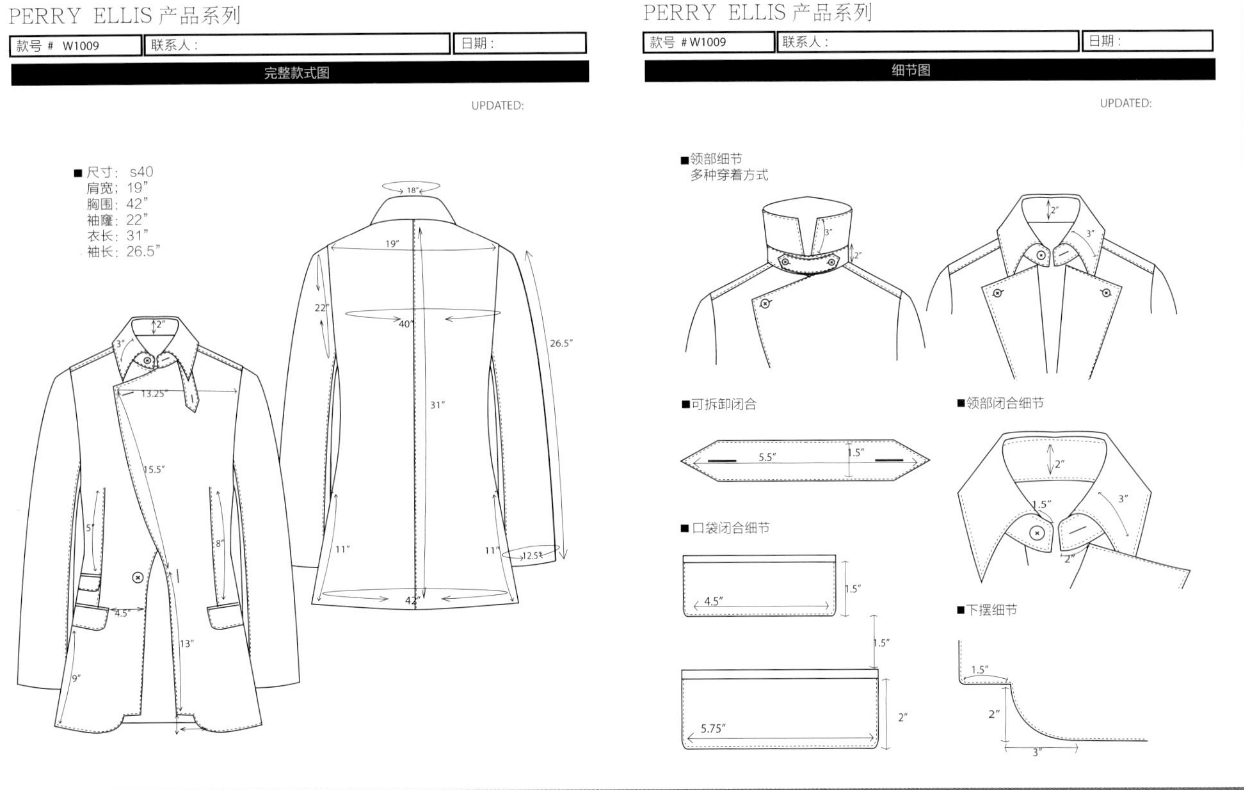

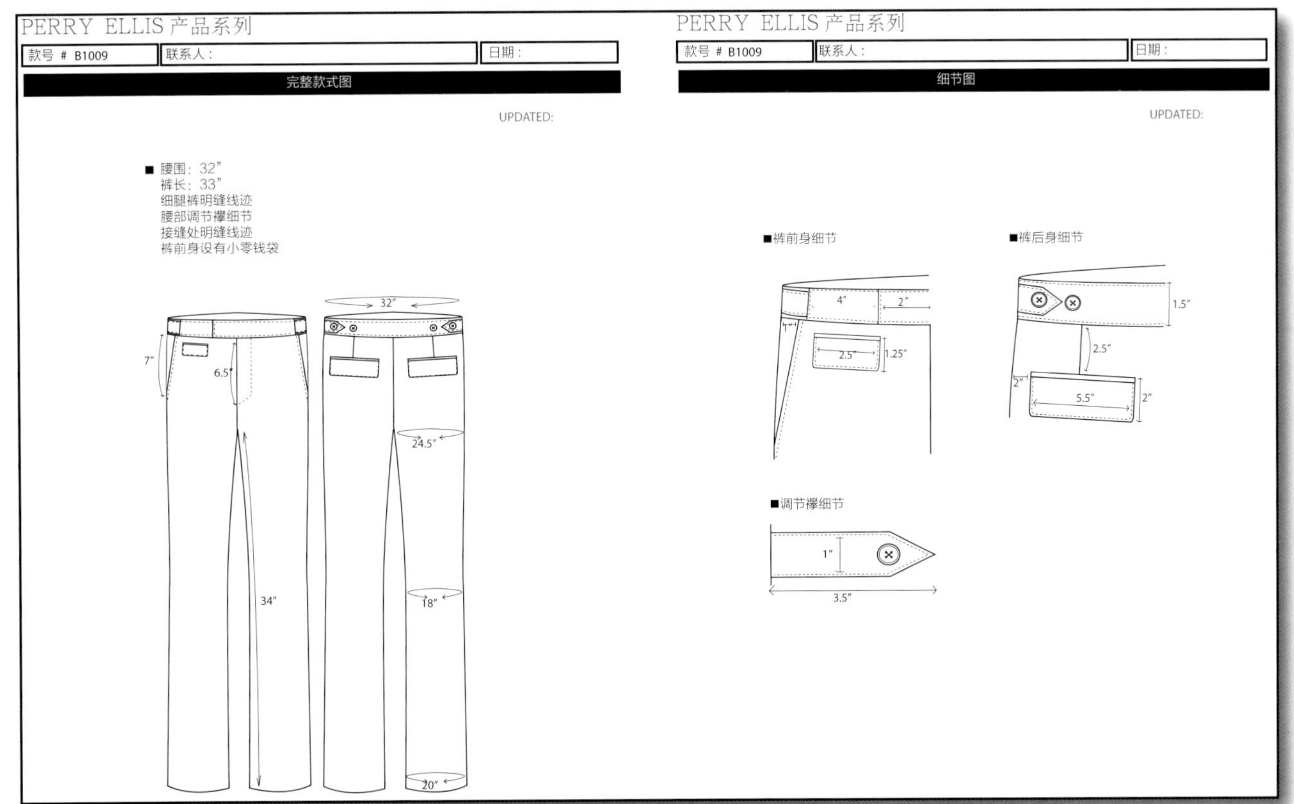

可持续发展、回收利用、升级再造、重复利用、有机、生态——一直都是行业内创意设计主题中非常盛行的话题。“生态时装”——通过自己种植而生产面料和服装，这是一个很有趣的发展动态！www.ecouterre.com

案例学习

可持续性

“兼收并蓄的震撼”——艾琳·迪

随着“零浪费”理念在当前纺织服装行业的盛行，以及零浪费服装设计成为当前环保意识强烈的服装领域的最新生态创新，如今设计师们所面临的挑战是将面料视为一个垂涎已久的商品并以有效的方式加以充分利用——全部的材料包括边角料。围绕道德和环境可持续性而设计目前在整个行业的创意设计领域空前高涨。生态时装的理念给设计师们带来新的挑战，促使他们将生态和传统模式结合起来，减少浪费、重复利用、节约资源以及回收利用。

回收利用不仅仅是表面的“回收”，例如马丁·马吉拉所使用的高级成衣制作技巧，简单说成回收利用就有些轻描淡写了。马吉拉的工艺是“升级再造”，材料被升级成一种更高级的形态，服装的工艺更是独具一格，非常时尚，并展现了服装行业的顶级水准。

“升级再造”已经成为未来服装业发展的新思路，这种方式做出的每一件服装不管有多少个版本，其唯一性永远不变，因为其所用的材料是唯一的。生产过程背后的故事成为其最终价值的关键因素，也塑造了该产品的品质与风格。如果原材料的来源、制作的过程能证明是以生态友好、可持续化的方式进行的，那么其奢侈服装的价值将进一步增加。

人们对于奢侈服装产品的诉求，很大程度上源于这类产品都是小批量手工制作完成，并不像常规产品那样都是大批量制作的。生产过程的细节处理、原材料的异域特色等都是这些“故事”的组成内容。追溯供应源可以呈现产品的独特创意以及该产品所采用的生态可持续性制作过程，这对于环保意识强烈的消费者来显得更加重要。

“升级再造”也可以看作是一种灵活的制造体系。大批量生产的产品通常很难保证质量的一致性，而且产品之间毫无特征可言。而“升级再造”理念可以弥补批量生产与客户定制之间的空白，增加了产品的附加值，也更好地满足了消费者的需求。

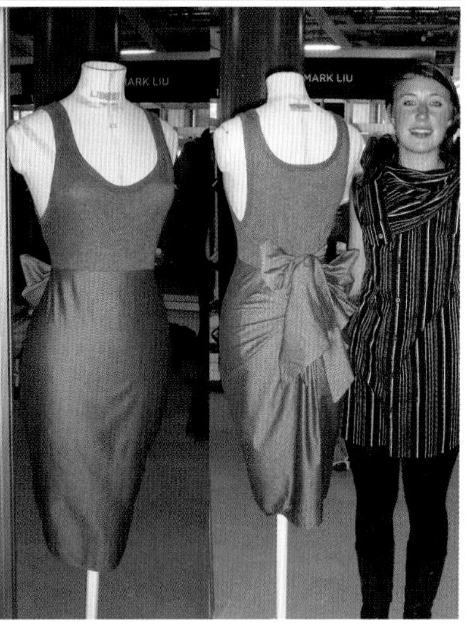

伦敦街头品牌 Junky Styling 在伦敦时装周展示的作品：
创新型设计品牌：服装由质量优良的二手面料做成，经过解构、再裁剪改造成一件新品，你已经看不出原材料的本色了。

左页图：时装画家蒙塔娜·福布斯作品“戴帽子的女孩”。
服装设计师：普里扬卡·佩雷拉
背景图：服装设计师汉娜·库珀作品。“升级再造”外套——“乐施会的项目大大推动了‘升级再造’理念，面料被赋予了新生命并充分发挥了其自身的价值”。摄影师：瑞伊·亨尼西。

“升级再造”设计师们的边角料

克莱尔 · 安德鲁

设计说明：“通过 Edge 项目，我利用贾尔斯春夏发布会的边角料创作了这些作品。本说明解释了对边角料的再利用，进行升级再造创作出精美独一无二的高端服装产品，打破了回收利用的固有成见。这个项目驱使我在对时装的热情和社会责任之间进行平衡。这些款式是在人台上一点一点地构建起来的。就如在布里克巷春夏时装秀上展现的那样，这些废弃的面料启发了‘升级改造’服装的造型”。克莱尔 · 安德鲁如是说。

一切从这里开始……

布里克巷贾尔斯工作室

巴黎时装周之后的大清理开始……一包包边角料本来是要被扔到垃圾桶的

来自巴黎时装周 T 台秀

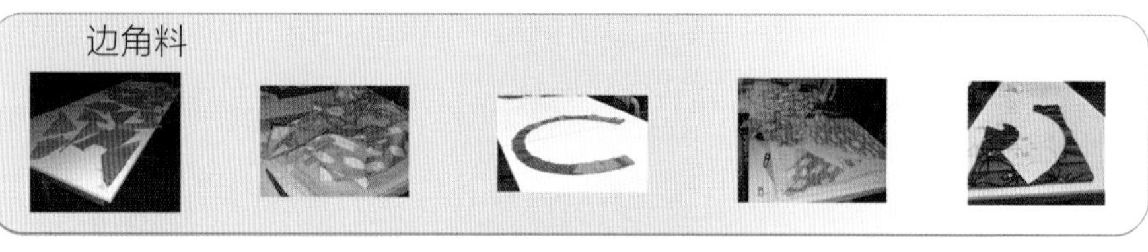

本页与左页图：服装设计师克莱尔 · 安德作品。升级再造设计师的边角料、为乐施会精品店开业所准备的再造作品。

摄影：克里斯 · 梅辛杰、瑞伊 · 亨尼西。

贾尔斯春夏作品——巴黎，由服装设计师贾尔斯 · 迪肯提供，选自 www.style.com。

原始的设计和人台作品

最终成品：设计师的边角料被赋予了新的生命……独一无二的作品

“废料正流行”

克莱尔 · 安德鲁

设计说明： 乐施会的项目推崇“升级再造”的理念：给面料第二次生命，使其达到更高的高度。其目的就是将面料作为一个人人觊觎的商品来使用，有效地支持了道德化和可持续性服装。

组织机构： 乐施会是一个全球性的慈善机构，全球有很多家分店。它已经成为前卫人士寻找新奇产品、打造个性风貌的场所。

乐施会总是寻找最好的方式来充分利用他们的机遇。根据他们的市场调研发现，消费者需要一个更加现代化的购物体验，因此乐施会改变了之前的传统理念，为消费者提供了一个更加奢华、舒心的服装购物环境。

新的店铺目标市场以那些注重着装、购物环境、社会影响的消费群体。乐施会为消费者提供了独一无二的款式，精美唯一的服装，而且承诺，每销售一款服装都会为全球的扶贫活动做出贡献。

乐施会捐赠的二手服装被重新加工，“升级再造”成非常有设计感的产品。

这不仅仅是随便的一家乐施会机构……

这是乐施会精品店！

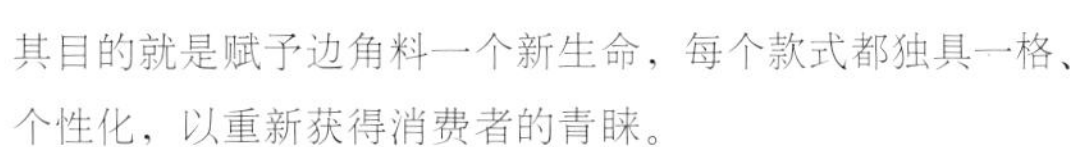

其目的就是赋予边角料一个新生命，每个款式都独具一格、个性化，以重新获得消费者的青睐。

几周之内，这些重新改造的产品已经销售一空……，有些款式甚至卖到了100磅。

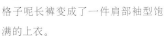

格子呢长裤变成了一件肩部袖型饱满的上衣。

一条旧短裙变成了一件新茄克……底摆的细节被充分利用并展示在前身。

旧裙子又重新焕发了活力。

汉娜·马歇尔春夏产品系列
摄影：克里斯·摩尔

汉娜·马歇尔

时装业的那些设计师们

摄影：朗肯

汉娜·马歇尔——伦敦女装品牌设计师。

早在2007年就已经创建了自己的品牌，在ON|OFF展会上发布首秀，获得由Topshop支持的非常有名气的“NewGen”奖，并在2010春夏伦敦时装周上继续展示自己的作品。

1. 您是如何构思一个新的设计系列的，设计流程是怎样的呢？

调研：每次开始一个新的系列设计时，我都让自己的思路毫无目的地自由驰骋——这也是我最爱的部分。我的设计作品都是以理念为主导，因此在确定一个主题之前，我喜欢到处寻找各种有灵感的意象。

灵感来源：有时候，我不得不寻找大量的资源，因为灵感可以以各种形式表现出来，包括一首歌，一段与朋友的交流，甚至一个想法！

主题：通过服装、信息、服装心理学、隐私保护以及赋予妇女权利等来表达政治观点，我非常感兴趣。

色彩、面料：我的美学全都是关于奢华的简约主义。我所用的面料一定是精美、有肌理而且对比强烈。因为我的理念是“赋予权力”，所以我非常注重廓型，力量产生于裁剪和面料成分——色彩仅仅只是一个点缀。当我开始设计的时候，我的脑海都是漆黑一片，思绪无边，这是我最爱的也是最自然的工作状态。

速写：我生来就是一个艺术家，天生喜欢画画。但是在为系列画速写稿的时候，我速度非常快，因此我不会花很多时间放在画稿方面，更多的用于面料、在人台上做立体造型，这个时候设计作品才真正开始鲜活起来。

样品：我们的大部分样品都是在工作室完成的，款式设计、立体裁剪以及样品制作的过程就像是一个实验室测试，你根本不知道到底结果如何。我很喜欢与我的小团队一起通力合作，想出新奇而有创意的点子，这是个很耗时的过程。所有的一切都在英国制作。

2. 最终的产品系列你是如何进行取舍的呢？

在决定最终产品系列的时候我会考虑很多因素，大部分来自于本能反应。作为一名设计师，最重要也是很关键的东西就是直觉。就是这种直觉上的感知让你忠于自己的理念和美学。除了直觉反应之外，就是产品结构规划，对每个门类进行填充。例如，连衣裙、茄克、长裤的数量等，当然还会参考去年同季的销售情况以及顾客的反馈等。

3. 你有设计团队吗？

对于我来说，掌控从理念到创作的这个设计过程尤为重要，这是商业运营中我最喜欢的部分。当然，我也明白整个产品系列的完成需要很多人才的参与协助，包括样板师、样衣工以及工厂。这些人能和我一起去理解从整体的理念到非常细小的细节，这对我来说非常重要。

4. 在创意方面你大概花多少时间？你还需要哪些技巧呢？

自我的事业开始，其实我只花费10%的时间在设计上。余下时间就是忙销售、公关、市场，甚至更多。你真的需要去扮演多种角色。经营一个设计师品牌需要很多特质，例如开拓的视野、无尽的热情以及坚定的决心。你还需要一个强大的人际网打造你自己的人脉圈，并能够运用好这个关系网。

你要明白一个人无法做全部的事情，这一点十分重要。你需要人才，了不起的团队跟你一起工作，为了品牌的发展共同努力。能够拥有一个值得信任和委托的团队是十分重要的。

5. 你能否给那些想要创建自己品牌的人一些建议？

在开始经营自己的事业之前一定要打好基础；

要创新，不要尝试去复制别人的东西；

如果你打算7天24小时都在做设计，那么我建议你还是去别的品牌公司上班吧；

相信你自己，世界是你的，你创造了自己的生活和事业。

弗朗西丝·豪伊——欧洲女装高端奢侈品牌服装设计师

弗朗西丝在中央圣马丁艺术与设计学院获得服装专业的硕士学位，那时她已经为欧洲非常有影响力的几家服装公司做设计，并奠定了自己的事业基础。

1. 作为一名服装设计师，能否介绍一下你的设计开发流程?

这个设计工作可以分为几个阶段：第一阶段是与创意总监进行“情况通报”，她会给你宏观介绍整个系列的想法，然后整个团队开始分头进行调研。这个调研过程需要1到3周的时间，要具体情况具体分析。根据我以往的经验，时间都很短，你需要集中几天时间去图书馆、服装书店以及旧货服装市场。我一定会去波特贝罗路跳蚤市场和哈默史密斯旧货集市，这两个集市是伦敦最负盛名的古董市场。我们还会从平日常联系的几家私人用品拍卖商那里购买一些不错的服装。

随后，整个团队一起开会畅谈自己的想法。这个讨论就是一个头脑风暴，各抒己见，激发灵感。会议成员有针织品设计师、鞋包配件设计师、成衣设计师、绣花设计师、印花／纺织品／面料设计师。

创意总监会选出最精彩的创意并将其编撰成一个故事，然后我们开始设计开发工作。这时候我开始勾画草图，在人台上进行立体裁剪工作。

此后我们会定期开会以跟踪设计开发的进度。思路确认了之后，我们会将整个设计包发给意大利的工厂，其中包括设计图、照片、坯布样、面料样以及每个设计细节的注解部分。

每个星期都会进行多次试样，创意总监通常都会在现场。我们对服装进行修改，确保它达到我们预想的效果，有时候甚至会彻底剪开服装，对其进行重构——剪掉袖子并加上新的创意。试衣是一个十分具有创意的过程，很多设计灵感都在这个过程中产生，我们不断尝试直到满意为止。因为有时一天会试衣 20 几次，我们必须快速行动。

我们会给服装作品拍照，写下试衣意见，然后将设计包寄回意大利，他们会仔细检查每一个更改的地方并进行修正。

经过大约 5 到 6 周的试衣，我们基本上可以把系列里的所有产品都捋一遍。接下来的阶段称作“面料与速写稿的结合”，我们为每个已经进行过试样的服装款式画一个小的速写稿，然后将我们开发的面料分配到各个速写稿中。

此时我们还要考虑每件服装的效果如何，以形成统一感。到底用哪一种颜色哪一种类型的面料？是否要满地绣花？这个产品是否适合最终的发布会或者预发布展示？

面料与速写稿的结合是一个非常重要而且紧张的阶段，在此期间，我们需要就整个系列的效果（系列得以成形，有了生命力）如何做出很多决定。

之后，我们将最终设计稿投产，意大利的工厂会负责产品制作并运送到我们的展厅。接下来就是造型搭配阶段，浏览整个系列、整合各种搭配风貌、拍照，将照片上传到 style.com 或者如果我们准备制作服装秀的话，这就是秀前准备。

如果产品系列是季节秀，我们会与拍摄导演一起决定哪个模特穿哪套产品。模特会进行试穿，然后按照她们的尺寸再进行修改。所有这些工作完成之后就是集中销售期，我参与不多，通常销售地分布在纽约、意大利、巴黎和伦敦。

我们每年制作 4 个系列——2 场“展示秀”，2 场“预发布”。预发布很完美地安排在每场秀之间，因此每 3 个月就推会出一个新产品系列。

预发布安排在春秋两季秀之间，我们没有安排服装秀的活动，通常会举办派对或者特别的活动来推出新产品系列。

2. 你是如何进行设计开发的?

我从深度调研开始着手，经过一系列速写和立裁，我会在人台上制作服装坯样，然后拍照存档记录整个发展过程，如果时间紧张，我就做一半即可。

手上积累到一定数量的照片后，我会根据各个设计优势进行编辑筛选。如果有的创意比较难或比较复杂，我会考虑工艺的难度——如果没有人能制作出来，设计便毫无意义。你要充分了解为你工作的技术人员能力的局限性，了解他们的技术能到达什么样的高度。

曾经有人教我，专注你擅长的，永远不要用你所欠缺的方面来进行设计。例如，如果你擅长绘画，那就以漂亮的效果图生动地展示你的创意——如果你也这么想，那所有的东西都应该赋于纸上，你的设计想法会以精心绘制的优美效果图的形式而获得生命。如果你不擅长绘图，那就尽可能地以最能启发你的方式表达设计：裁剪一块面料，快速地做一个坯样，用照片来展示服装的特质。

我所合作的每个人对于设计开发过程的表达都不尽相同。这个设计过程必须以视觉的方式表达，服装是一种视觉媒介，它不仅仅关乎文字，还必须有启发性。

前页及上图：服装设计师弗朗西丝·豪伊作品。
模特：英格兰超模艾琳·欧康娜。

3. 你会依据设计概要进行工作吗？

是的——我认为理念和故事非常重要，而且我发现，如果你没有设计概要的话，就需要自己制定一个。在整个设计过程中，概要可能会发展变化，可能会在创意交流会议或者试衣阶段成型。

如果设计概要已定，很重要的一点就是按照计划进行，并努力实现——优秀的设计师能够发现创意，明白其与设计概要的关联性，因为他们能与创意总监保持步调一致，了解其需求。另外，他们能够帮助拓展理念，加入更多新的想法、灵感、途径，将更多精彩的事物融入到设计中——这也是设计演变的过程。设计工作的大部分内容就是去发掘与设计概要相关的一切事物——在正确的时间里找寻正确的思路和想法，如此直观。

同样，保持灵活性也很重要——不是所有的想法都可行，也不是所有的想法都有用。不是每个项目都能给你明晰的方向和明确的设计概要，你要努力去发现此前并不一定创造出来或者存在的事物。理念在设计之初可能是非常抽象的。

4. 你的设计会考虑特定的市场、目标群体以及价格因素吗？

绝对的——我们的品牌十分了解消费者愿意花费多少来购买我们的产品，我们在每个阶段都会考虑这一点。这其实并不会耽误我们所做的事情，只是我们的工作要非常细致。如果能以更好的价格找到类似的材料，就不会多花成本使用昂贵的。你得设法让你的产品让更多的人接受，而不是反之而行。如果你的创意很好，但是最终产品太昂贵以至于没人去买，甚至都无法上架让顾客来选择是否购买——你的设计还没开始就已经夭折。产品需要合理的价格，不是便宜而是物有所值。人们需要觉得自己花得其所，产品确实看起来有所值。

每个品牌都有一个为之装扮的女性——她的形象、样貌、感觉、个性以及她所展示出的态度，几乎就是一个立体的人物形象，这有助于品牌保持设计风格的统一性。

5. 每个季节的设计都会有主题、色调或者特定的面料吗?

用什么面料取决于设计理念，也就是此季的故事主题。它可能非常鲜明，也可能是非常诗意的。灵感可能来自于一部电影里的某个女孩，但并不是简单地对 20 世纪 70 年代电影里 Faye Runaway 风貌进行重新修改——需要以全新的视角融入这一参考素材。

你可能拥有世界上最精美的面料，最佳的造型，而且可能会成功，但是它可能不能给你指引方向，没有那种能量。你必须要有视角——通过面料你要传达什么。你要努力表达他人没有表达过的东西，不是那些陈词滥调。

设计是关于比例与廓型，以及不同大小的事物以非同寻常的造型整合在一起的奇妙，如果结果不合理时对其进行拉长与延伸。造型的作用非常微妙，它与故事主题或灵感一样重要，很多人都忘了廓型赋予整个设计的力量感以及系列中廓型的决定性意义。

一般来说，我认为灵感应该来自于人体形态，或时尚、服装本身。比如说，对建筑元素的参考，要将其转化到人体身上是相当有难度的，设计会感觉别扭。

通常我都是先有创意，然后找面料进行匹配。例如，如果想用褶裥，服装是全部打褶的，我就会选取容易成褶的面料，因为打褶技术要求比较高，需要顺好结构来形成符合设计思路的褶裥效果。

也有直接用面料来获取造型的。我曾见过有设计师直接用面料做裙子，通过对面料进行移动、立体裁剪来达到某种外观效果。很明显，在设计开始之前你就要知道面料会形成何种形式以及最终效果如何。

6. 你是如何一步步发展到如今的事业？对于那些想要进入服装设计领域的后辈们，你有何建议?

建议——我来自国外，在行业工作多年，如果在年轻的时候就意识到在欧洲工作如此之难，我或许会重新考虑。

我在新西兰的奥克兰大学获得学位，然后做了三年的针织装设计师，随后连续三年获得 Smirnoff 国际设计大奖。所获得的奖学金资助了我在中央圣马丁设计学院的学习，并顺利获得硕士学位，这个经历是我从来就没有考虑过的。我的奖学金支撑了我一年半的海外学习费用，花费相当高——文学硕士、国际留学的各种费用、所有的资料以及我的食宿。

到圣马丁攻读硕士时，每个人都讲述着如何在经济上支撑整个硕士阶段——经济是必不可少的。

完成中央圣马丁学院的硕士课程是我事业道路上关键的一步。学习高度紧张，将我塑造成了一个专业的设计师，我第一次重新认识了自己，作为一名服装设计师，我到底是怎样的，我要做什么，我的风格如何。我利用这段时间提高了绘画技巧和立裁技术。我不是全日制的，只是用了一年半时间完成了硕士学位。

一毕业，我就获得了到国际品牌任职的工作机会，于是我周转于这些公司，并进行面试。最终我决定在巴黎上班。即使在工作的时候，仍然会接到熟人的电话——你在服装行业的人脉很重要，他们知道你在这行工作，如果有合适的机会就会想到你。很多情况下需要的是你的人格魅力而不仅仅是你的能力。在服装领域工作的人都需要经常加班，他们更愿意与自己喜欢且敬业的人一起工作。

因此，如果你要我给出建议，如何在服装领域开始或者找到一份工作，我可以肯定地说，在我一路走来，参赛发挥了巨大作用。我会建议多参与竞赛，特别是那些可以让你拥有更多机会展现自己、获得经济回报的竞赛。对我来说，这是非常宝贵的经历，而且确实帮助我开启了职业生涯。

莫秀贤——纽约高级男装、运动装服装设计师

作为一个年轻有影响力的设计师，莫秀贤专长于高端男装设计，她的工作经历、获奖经历包括：Calvin Klein(NY)、Ralph Lauren、Perry Ellis、Saks Fifth Avenue(担任副总裁、时尚总监)、DNR 杂志、WGSN、Banana Republic、Gap, 曾获得 Parsons 纽约年度设计师奖。

1. 可以描述下你目前的工作吗?

作为户外装和运动装的助理设计师，我负责整个外套装和针织产品线的设计。我非常热爱自己的工作，很幸运可以享受其中并能以此为生。人们总是把设计想像成一个光鲜亮丽的工作，事实上这份工作不仅仅只有设计、创意、明星、名模，正如很多大型公司那样，我同时还会做很多基本的办公室文案工作——回复大量的邮件，更新效果图，修改细节和表格等。

2. 能不能谈谈你的职业生涯，是如何走到今天的?

我一直都想从事服装行业，可能很大程度上源于我的父母，他们也是服装设计师，很自然地，这也成为了我的一个梦想。我申请了纽约帕森斯设计学院并获得了多项奖学金。在学校，我赢得了多项设计奖，包括“男装年度最佳设计师”以及在 Banana Republic 的实习机会。随后我又获得几家公司的工作机会，尽管我根本连简历都没投过!

3. 你是如何设计一个产品系列的——你的设计流程能分享下吗?

从调研开始着手，与色彩和流行趋势公司的相关人员开会交流，一般他们都会到我们公司来，展示色彩和理念的趋势预测——我们也会购买他们的流行趋势册子。同时我们还订阅了 WGSN，对他们的趋势理念以及时装秀都非常感兴趣。

随后开始选择面料——我们与很多面料工厂见面，参观纽约展、“第一视觉”面料展、美国国际面料展览会（Texworld），有时还会参观巴黎的秀。

之后我们还会观看各种其他时装秀，查阅各大重要的杂志，逛知名店铺，还会去欧洲采购和逛店，寻找各种灵感和创意。我还会去越南和印度参观工厂，看一下我们的样品开发情况。

调研工作完成后，我们收集所有的想法和思路，做一个情绪版，从中选出最适合消费者的色彩和理念。

然后根据新的设计思路勾绘效果图，当然也会综合考虑上一季节销售最好的设计产品。

我们会与设计部门的副总以及销售部门开会来决定增加和去掉某个款式。

随后，就开始着手准备并将工艺包（技术规格表）发给海外的工厂去制作样品——一般都是在印度或者越南。

收到初样后就开始试衣看版，很详细地写出任何细节上的更改，以便于后面销售样的准备。

4. 你的设计会考虑特定的市场、目标群体以及价格因素吗?

在帕森斯设计学院的时候，我一直以为创新和创意才是服装设计的关键因素——如果没有新意，没有人会去买你的服装。然而事实上，所有的一切都是关乎消费者和品牌风格，我们在这个基础上进行设计。

5. 你是如何发掘这些创新元素，又是如何体现出来的呢?

我工作的每各部分都蕴藏着创新。做一件衣服，需要很多部门通力合作，例如辅料、采购部门、面料厂以及趋势预测机构。我所做的不仅仅是设计服装，还涉及到辅料、面料甚至是标签的设计，这些都至关重要。

6. 对于那些想要进入服装设计领域的后辈们，你有何建议?

首先要知道，在服装行业找到一份工作竞争很大。但是只要你努力工作并相信自己，一定可以实现。

其次，利用人脉圈也很重要——有一定工作经验的约有 2/3 的人都是通过人脉圈找到合适的工作的。

然后要选择一家合适的公司。有人说，“一个优秀的设计师可以为任何一个品牌做出好的设计”。我同意，但是当为一家自己欣赏的公司做设计，而公司的文化、审美倾向与你的风格又十分相似的时候，你会更容易产生火花并乐在其中——设计的灵感会很快很自然地产生。

我一直都很崇尚现代建筑和极简主义风格，它们是我在帕森斯设计学院时做项目的灵感来源。我想或许那也是为什么我很享受在 Calvin Klein 工作的原因吧。

最后，我觉得找到一个合适的环境很重要——特别是跟你一起做设计的同事，你需要融入整个团队，保持和谐的步调，因为你通常与同事一起工作的时间比与家人在一起的时间还要多!

设计技能：作为一名服装设计师，莫秀贤的技能（手动和电脑）包括：服装设计与表达、平面图的绘制、缝制、立体裁剪、制板、趋势调研、制作展示板、采购面辅料，掌握的软件包括 Adobe Photoshop、Adobe Illustrator、Web PDM、U4ia、Microsoft Word&excel、Power point。

设计工作：通常，她利用自己的专业技能进行如下工作：

· 调研流行趋势，创作情绪板和面料板，为服装系列选择面料，设计男装（梭织运动上衣、衬衣、裤子、外套、针织品、带图形 T 恤，设计衬衣的面料和图案）；

· 为市场推广准备展板和卡片；

· 更新 PDM 系统（产品开发管理系统）；

· 利用 Illustrator 软件绘制服装人体，创建工艺包（技术规格文件）以及辅料表。

服装设计师莫秀贤的秋冬男装款式设计效果图和情绪板。

伊娃·斯诺布克——纽约纺织品设计师

伊娃在大学的时候就已经学习过服装设计，然后在服装领域里一路发展，最终在纽约这个四大时尚之都之一做了一名纺织品设计师，其所在的公司也是服装领域的领头羊。

1. 作为一名设计师，请描述下您的工作。

目前我从事男装纺织品设计，按照款式设计师的要求，负责针织/梭织面料的结构、图形、印花和版型的开发，都是借助CAD软件来完成。根据每个季节的特性，我会协助设计师完成将面料从概念到成品的实现过程。我们还会一起做每个季节的色调板，将其输入电脑中与面料结合。借助于计算机绘制程序，面料工厂都可以准确地生产出我设计的针织和梭织面料。至于印花面料，很大程度上取决于印花工艺，我给每个颜色做了分色，这样每个颜色就可作为一个单独的丝网印刷，而如果是数码印花的话，我就不用考虑颜色分色了。我的工作主要就是设计循环花型，处理买来的设计花型以适合圆网印花的要求，然后用我们本季的色调进行上色以达到设计师的外观要求。同时还会做很多流行色的调研，了解市场上流行什么，设计出消费者需要的服装。

2. 可以讲讲你的事业发展历程吗?

我的职业生涯是从大学设计课上画花卉开始的。随着计算机设计的流行，我想把自己的两个兴趣——绘画和服装设计结合起来，于是开始学习Photoshop和力克的服装辅助设计软件，这一技能帮助我获得了Sears的实习机会。大学毕业后，我进入Gap成为一名纺织品设计师，随后就职于Target，主要负责女装品牌的印花和图案设计。再后来有幸进入CK男装部，一直到现在，负责计算机辅助设计。

3. 你是如何设计一个新产品系列的——你的设计流程能分享下吗?

设计之于我就好像做汤一样，加一点点这个，一点点那个，各种因素结合在一起最终成型！设计本没有什么对错，只是观念、偏好不同，结果不同。有时候情绪图像、色彩会给我灵感启发，而有时候是面料和肌理，这取决于

当前市场上流行什么。一般我会从色彩入手，然后去思考设计中到底采用什么类型的面料，由于面料的天然特性，一些设计效果无法实现——例如在粗糙的麻类面料上无法印出细腻的线条。最后结合各种不同的因素我开始构思设计，考虑构图方式——是满地花型、定位花型，还是紧凑或者宽松型？还要考虑印花的颜色限制以及价格成本——2 套色、3 套色，还是 12 套色。

4. 你的设计会考虑特定的市场、目标群体以及价格因素吗？

每个季节都会定一个目标消费群来进行设计，同时还要考虑生产的局限性。在进行面料设计时，需要考虑价格成本来选择合适的面料结构以及纱线支数。当然为了实现预期的设计效果和手感，采购团队会协助谈妥最优价格。

5. 你有设计团队吗？

是的。大部分的服装设计工作都是通过团队合作完成的。而一名纺织品设计师就是其中的一个辅助性角色。我协助设计师们实现概念到面料实物的可行性。面料是服装最重要的组成部分，有技术含量，特别是梭织面料。这也是为什么服装设计师都需要对面料有一定的了解的原因。

6. 对于那些想要进入服装设计领域的后辈们，你有何建议？

首先，作为一名纺织品设计师，要有眼光辨别细节和复杂状况——能够于混乱中保持思路清晰。其次是创新，因为你需要批判性思维，为很多复杂的问题提出解决方案，比如处理一些复杂的梭织或者精细的印花图案。而在处理多种色彩变化或色彩组合的时候，就需要良好的色彩辨别和搭配能力。

如果你充满热情，愿意花上一整天的时间来画稿，这对于达到目标来说大有益处。在高中的时候，你应该选择那些可以帮助你提高技能的工作。例如在一家面料店上班，可以学到各种面料类型和它们之间的区别。在大学的时候，有很多课程帮助你提高速写、绘画、纤维化学、计算机辅助设计等能力。

下图：纺织品设计师伊娃·斯诺布克设计的定位印花，春夏季图案与款式效果图。

专业术语表

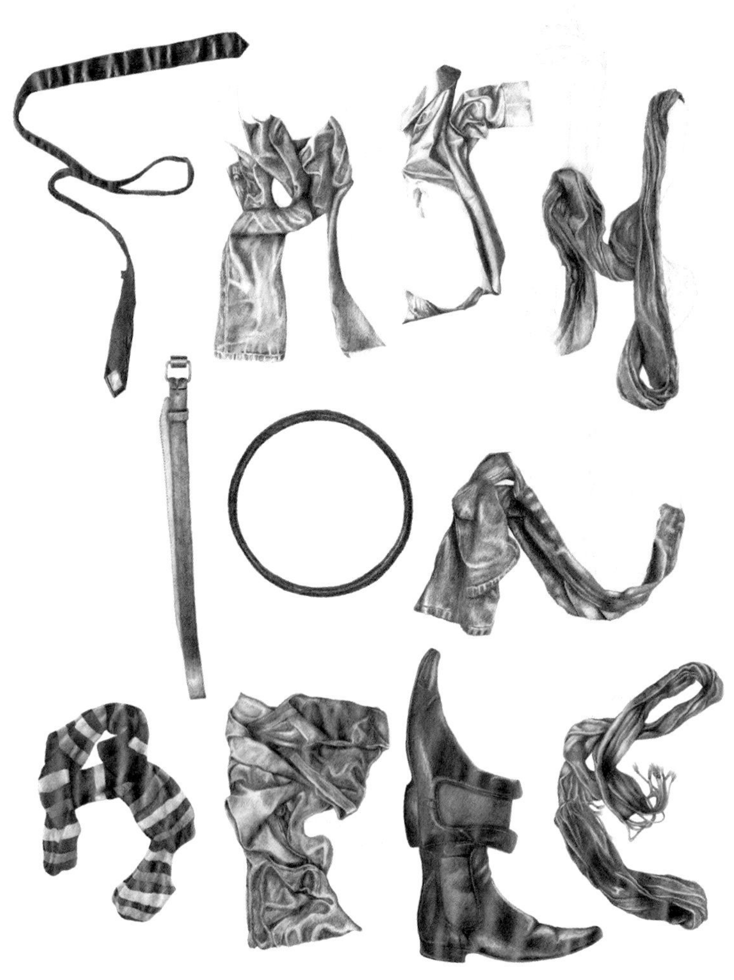

服装效果图作者：斯图尔特·惠顿

利用手绘的服装效果图创造了“Fashionable”这个单词。

如果你想踏入服装设计的领域，就必须说服装语言。本词汇表罗列了全球服装领域里非常常见的服装术语。

服装（Apparel）： 服饰、衣服、特别指外衣。

定制（Bespoke，服装裁缝［西服定制店］）： 定做服装，个人量身定制男式西服。

基础纸样／服装原型（Block/sloper）： 适合定制服装的基础纸样，可以依此设计各种款式。

厚型织物（Bottom weights）： 比较厚重的面料，一般用于裤子和半裙。

头脑风暴（Brainstorming）： 集思广益想出的大量创新思路和新奇想法。

品牌推广（Branding）： 企业塑造自身产品或服务的策略，为消费者提供质量保证和规范化服务。

潮牌服装（Bridge）： （美国服装业说法）介于高档／高街与设计师品牌之间的档次。

低端商品（Budget）： 参阅大众市场。

余料（Cabbage）： （英）碎布或大货生产的面料裁剪之后的余料。

CAD/CAM(Computer Aided Design/Computer Aided Manufacturing，计算机辅助设计／计算机辅助制造）: 应用于纺织服装行业里的计算机设计系统。

白布（Calico）： 参见棉布部分。

胶囊系列（Capsule collection）： 关于主要款式或者基本款的小型系列。

CMT (cut，make and trim，裁剪、制作和装饰）: 工厂裁剪、缝制以及后整理的过程——从裁剪到成衣。

产品系列／产品结构／产品类别（Collection/line/range）： 展示出的一组服装设计以体现设计师／品牌的灵感以及某一季的新趋势。

色彩设计／色彩方案／色彩故事（Colorway/color palette/color story）： 用于服装系列中的色彩范围，或者提供不同色彩选择的面料设计。

竞争优势（Competitive advantage）： 与竞争对手不同的商业策略、技能、知识储备、资源以及能力——所提供的产品具有竞争对手没有的特色，对消费者更加有吸引力。

理念／情绪／风格／主题板（Concept/mood/styling/theme board）： 展示出的创意理念和设计，以显示一个服装系列或面料系列的整体概念或方向。

租借地（Concession）： 将百货店的某一门面租赁给某一品牌或者设计师。

代销（Consignment）： 货物销售出去才付款，没有卖出去的货可以退回。

消费者（Comsumer）： 服装、产品或者服务的终端客户。

人体速写模板（Croquis figure template）： 速写人体可以作为制作过程中服装工艺技术图绘制的指南，请参阅“设计开发”的章节。

速写本（Croquis sketchbook）： 在速写本上记录设计发展过程，利用时装画人体辅助设计。

航海服／度假服（Cruise wear/resort wear）： 一种特殊的服装风格，起初是高级店铺为那些富人在天暖的地方度过圣诞节后／新年的假期而设计。现在已经演变成为四季都有的款式，因为一年四季人们可以去很多温暖的旅游圣地度假。这样的品牌包括 J Crew、Banana Republic、Michael Kors、John Galliano、Matthew Williamson、Vera Wang。

人口结构（Demographics）： 营销术语——数据基于人口特征进行统计，包括性别、种族、年龄、收入、教育程度、是否有住房、就职状态以及地点。

设计概要(Design brief)： 设计项目的开始部分——文本形式或口头表述，主要关注预期达到的最终设计结果，而不是美学。

设计理念（Design concept）： 有助于销售或推广新设计的创新想法，如晚装设计的新理念。

设计开发（Design development）： 收集和调研资源信息，以设计元素、法则为依据，在特定的主题、面料或者款式风格的基础上进行的设计研发过程。

设计师品牌（Design label）： 由著名的设计师／品牌公司设计的服装／产品，一般为奢侈品，目标消费群体较为富裕，例如 Burberry、Gucci、Versace、Prada。

设计展示（Design presentations，故事板）： 服装设计师与买手、跟单、设计／市场部之间沟通设计与理念的一种创新的交流模式。

副线品牌（Diffusion line/range）： 高端设计师／品牌所开发的较为便宜的副线产品。

立体裁剪／立体造型（Draping/modelling）： 利用人台进行设计、样板开发的技术——常用于创作高级时装、晚装、面料飘逸（汗布、丝绸面料）的作品、复杂的造型以及需要“斜裁”的款式。

服装人体模型／人台（Dress form/stand，mannequin）： 基于人体的模型，在其对应的人体结构线基础上进行服装样板和成品制作。

创业者（Entrepreneur）： 那些善于抓住机遇，发掘新想法，并大胆进行开发的经营者和组织者。

面料小样（Fabric swatch）： 取自成卷面料上的一小块样品，用来帮助设计师激发灵感，还可以做为设计展示的参考样。

时装周（Fashion week）： 服装设计师、品牌以及设计工作室以猫步秀 /T 台秀的形式展示其最新产品系列的行业盛会，主要目的是让服装买手了解最新的流行趋势，利用媒体进行宣传。世界四大时尚之都纽约、伦敦、米兰和巴黎，一年两次轮流主办这样的活动。

旗舰店（Flagship store）： 公司最能展示其陈列和产品风格的店铺。

平面图（Flats，技术图／工艺图／示意图）： 清晰的线条款式图，按比例绘制。参见规格示意图。

小组座谈（Focus group）： 一种定性调查形式，有代表性的团队成员在一起分享关于某一产品、服务、概念、价格、包装、宣传等方面的想法。

形态（Form）： 一种可见的、具体的造型——“人体形态”就是人的身体造型；“面料的形态”就是光照在面料上呈现的效果、折叠和立体裁剪时的表现形式。

特许经营（Franchise）： 特许经营权拥有者以规范的协议形式允许被特许经营者有偿销售或者提供其产品、服务等。特许经营有协议约束，详细说明了特许经营的要求和条件。特许经营的费用通常包括系统管理、设备、培训和售后支持等。

放码（Grading）：运用数学方法，调节基础样板，推导出多个尺码样板的过程。

坯布（Greige goods）：面料的最初状态——没有染色、漂白或者后处理，布料处于织造好没有进行其他加工的状态。

高级时装（Haute couture）：法语“高级定制”的意思。高级时装代表了服装业最高端的技术水平。高级时装工作室／公司必须要通过法国巴黎高级时装协会的会员资格认证，设计师才享有“高级时装设计师”的头衔，其时装作品才能使用“高级时装”的称号。

独立设计师（Indie designers）：包括自由服装设计师、艺术家以及工艺师等，他们设计和制作一系列与大批量工业化生产不同的设计作品。

创新（Innovation）：不仅仅是灵光一闪的想法，它是系统化的演变，并将创新的想法付诸于现实。

灵感（Inspiration）：是一种创新、精妙、瞬间的想法，在服装、印花、装饰等设计的理念、开发以及生产过程中起着激励促进作用。

存货（Inventory）：所有入库的货品——包括面料、辅料、服装以及公司要销售的成品。

批发商（Jobbers）：也是贸易商，起着中间人的作用，其从工厂或者代理商处购买库存（多余的存货／面料），然后转卖给服装设计师和服装商，因为他们通常需求量很小，无法达到工厂的起订量。

即时管理（JIT，Just-in-Time）：准时生产或者即时库存——一种生产和库存管理系统，这种模式下货品按需生产并及时送达，避免了过多存货的需要。

许可（Licensing）：一种法定的协议，独家授予生产商有偿使用服装产品的生产权和设计师／品牌的名称使用权。

线条（Line）：运用在效果图中的线条，线条的粗细，设计的轮廓，效果图中简洁的线条，服装上的裁剪线、款式线、结构线。

款式系列图（Line sheets/range sheets）：一个产品系列里所有款式的目录册，用于向零售商推介——其中包括系列的平面效果图、可选的面料和色彩、价格以及产品的实物照片。

产品目录册（Look book）：以打印或者电子稿的形式展示服装设计师或品牌的产品系列。

人台（Mannequin）：参阅服装人体模型（人台）一词。还有一种艺术家用的小型木质人偶，关节可以移动，用于展示人体姿势、比例和构图。

市场调研（Market research）：小组成员通过调研和提问来讨论决定目标市场、市场需求、需求什么样的产品、确定其竞争优势以及成功的概率。

市场推广（Marketing）：向潜在的消费群以及现有的客户推广和介绍公司的产品或者服务特色以吸引其消费兴趣的过程。

市场推广书／计划书（Marketing strategy/plan）：一份概括了销售目标、策略以及实施活动的文件——属于商业企划的一部分。

排料（Marking）：以最节约的排版方式实现服装的裁剪。

大众市场／低端商品（Mass market/budget）：服装产品分类中的低端系列——有时候是高端设计师产品的山寨版以大众的价格销售给大众市场，因此而得名。

中端产品（Moderate）：中等价位，大量生产的服装产品——裙装、运动装、职业装以及国内知名的服装品牌。

情绪（Mood）：在有形或无形的物体、图像以及环境影响下所激发的主题和感觉。例如，一块古朴的奶白色蕾丝，或者柔软饱满的白色羽毛都会给人一种平静或者浪漫的感觉。

缪斯（Muse）：艺术家／设计师们的灵感来源——可以是一位时尚偶像、某位名人、一首诗等。

棉布（Muslin）：参阅样品和坯布。

人脉圈（Networking）：为了共享实用的信息和资源而建立起来的一种广泛的人脉关系，通常是互利互惠，共同协作（双赢）。

利基市场（Niche market）：一种非主流的小众市场，通常需要有专业化的技能。

境外生产（Offshoring）：外包给一家海外公司。

机遇（时装业）（Opportunities）：设计或者财务上的想法或变革，给公司或者设计师带来区别于竞争对手的优势。

外包（Outsourcing）：这个术语一般用于产品或服务项目之前是在公司内部完成（内部采购）转为从其他公司购买（外部采购）的情况。通常涉及的都是非核心产品，可以以优惠的价格从专业研发此产品的公司采购。

纸样裁剪／制板／制作（Pattern cutting/drafting/making）：利用号型规格表和原型制作平面样

板的技术。

布匹/匹头（Piece goods/yard goods）： 按照标准尺寸生产和销售的面料。

锯齿剪/花边剪（Pinking shears）： 以Z字形纹样裁剪的剪刀，这样可以防止面料散边。

差异点（POD，Point of difference）： 参阅独特的销售主张。

综合技能（服装设计）（Portfolio of skills）： 服装设计师的综合技能包括对服装业的了解、技巧、创新性以及服装专业方面的工具和技术掌握。

演示文稿（PowerPoint）： 微软办公软件，以数字化方式展示幻灯片、视频、网页、邮件附件等。

试生产（Pre-production）： 进行服装大货生产前的必要步骤。

展示（Presentation）： 展板、电子文件、作品集、服装展示、设计展示以创新、动态的方式从视觉上表现一种设计理念的专业方法，它突出了艺术作品的每一个单件。这个设计理念可以针对一个服装系列、一种风格或者主题、色彩、面料，甚至是服装推广。

原始数据（Primary data）： 通过问卷、采访和小组座谈的方式所获得的一手数据。

自有品牌（private label）： 按照零售商的规格要求生产的产品，产品带有店铺的商标或者品牌名称，例如Barney、Saks、Harvey Nichols。

问题处理办法（Problem solving）： 想出各种技术解决方案，然后由决策者来选取小组成员最赞成、最支持的方案。

生产（Production）： 产品或服装制作的工艺过程——在服装业就是服装/产品的加工过程，是在某个产品系列销售之后订单确认之后开始的。

生产样（封样）（Production sample，sealing/sealed sample）： 批复合格的样品作为大货生产的参照样。

产品（Products）： 品牌/设计师将要生产和销售的商品或服务。

项目管理（Project management）： 用于计划和控制流程变化的管理技巧，例如，执行一项新的风险投资、商务、服务、服装系列、设计项目。

原样（Prototype）： 参阅样衣。

定性调研（Qualitative research）： 基于消费者的态度、观点以及感受所获得的数据。

定量调研（Quantitative research）： 基于大量的信息（销售数据、人体尺寸）所获取的数据。

产品类别（Range）： 参阅产品系列。

产品列表（Range sheet）： 参阅款式系列图。

成衣（法语“prêt-à-porter”/现成的，Ready-to-wear）： 按照标准规格生产的批量化服装，附有设计师商标，并以存货的方式以备销售使用。

资源文件夹/文档(设计、剪辑、杂志剪报、参考资料、图片演示)（Resource folders and files）： 用于存储所收集整理的杂志剪报、广告样张、照片、面料小样等信息。

零售（Retail）： 商品经营者直接将产品或服务销售给消费者的交易活动。

草图（Roughs）： 将即时的想法和概念快速地画在速写本上的过程，一般用铅笔、细线笔或者马克笔绘图。

样衣（坯布样、棉布样、原样、试样）（Sample garment）： 对设计师的理念或效果图的初次试制，样品在最开始开发的阶段都是采用便宜低档的坯布做成。

二手数据（Secondary data）： 从公共信息、官方数据、图书馆等获取的数据。

领域（服装）（Sector）： 服装业的一个领域，各企业共享类似或相关的产品。

标志款（Signature style）： 代表设计师特点的一种与众不同的标识或者特征，可以是一种设计风格、面料或者印花等。

廓型（Sihouette）： 一件服装款式的整体轮廓特征，或者“外观”，包括外形、体量和形态。

服装原型（Sloper）： 参阅基础纸样。

技术工艺图（Specification drawing）： 用于实际生产中，按照比例用线条详细描述一件服装/产品的结构线（缝份、省道）以及款式细节（口袋、纽扣、辅料）。

技术规格表（Specs，specification sheet）： 生产用的文件，包括服装生产需要的标准和设计规范（技术工艺图、说明书、尺寸表），是设计师/客户与制造工厂之间的技术合同，也是沟通纽带。

故事板（Storyboards）： 参阅设计展示。

街头时尚（Street fashion）： 公众所穿着的服装和式样以及搭配的创意。

时尚偶像（Style icon）： 参阅缪斯。

造型线（Style line）：制作一件服装所需要的合体、造型以及结构细节。

副线品牌（背书品牌）（Sub-brand）：产品/服务有其自身的品牌特色（个人和品牌价值）以区别于母品牌。例如 Ralph Lauren 下的品牌 Polo，Giorgio Armani 下的品牌 Emporio Armani。

供应链（价值链）（Supply chain/value chain）：从原材料到零售（销售给顾客）整条供应链上关键环节的纵向一体化集成。对于品牌或者服装设计师来说供应链上每一个环节都有潜在的商业机遇。

小样（Swatch）：参阅面料小样（也用于电脑软件——一系列素色小样中的一小块，用于颜色选择时的样品参考。在调色板里是色板的意思）。

演示文件（Swipe files）：参阅资源文件夹。

目标市场（Target market）：某一特定的消费群体或者市场细分，公司针对其需求开发产品和服务。

工艺图（Technical drawing）：参见平面效果图以及技术图部分

模板（Template）：参阅速写。

坯布（也称为白布或者棉布）（Toile）：法语的意思是用来做样衣的廉价白布，多用于服装设计和服装结构流程。

躯干（Torso）：人体的主干部分（上躯干和下躯干）。

独特的销售主张（USP）和差异点(POD)（Unique Selling Point 或者 Point of Difference）：（多用于市场推广）独特的卖点，使产品/服务区别于市场上的其他竞争对手，突显其竞争优势。

“病毒式”营销（Viral marketing）：一种产品/服务/品牌的推广方式——信息通过社交网络（脸书、优酷、聚友网）或者通过视频点击、交互的动画游戏、电子书以及发送短信的方式——这样人传人的方式传递。

虚拟时装秀/猫步秀（Virtual runway/catwalk show）：利用计算机软件来实现模特、服装，T 台以及特殊效果的数字化服装秀。

仓储（Warehousing）：用于存放商品或者面料、设备的系统，仓储的作用包括存货、库存控制、存货管理以及货品查找。

批发（Wholesale）：B2B 的销售模式——通常批量采购，协议条款与条件涵盖了折扣及信用信息。

设计图（Working drawing）：参见平面图。

时代精神(Zeitgeist):每个时代特有的“精神特质”。

网络资源

“网络资源是通往成功的跑道”。作为一名设计师，你需要穿梭于全球化的网络资源中找寻各种信息和建议，以开发自己的设计思路，创造自己独有的作品，包括查找最新的流行趋势、历史数据的参考、纺织服装贸易展会、趋势预测机构和刊物、面料、服装供应商、制造商、公关代理机构、造型师以及批发商等。互联网是你查阅国际化服装信息的黄页和百科全书。当然不能忽视博客——这已经成为服装领域里的一个重要部分，也是新一代时尚迷的心声，只需要点击鼠标就可以畅谈己见。下面列出了一些网站和可以查询的相关资源。一定要在 Apps 中输入关键字搜索或者借助搜索引擎来查询你所需要的相关信息。借助于社交网络，你还可以进一步拓展自己的交际圈，这些朋友或许可以给你提供建议，帮助你了解整个服装设计流程。

服装行业／贸易展和采购

www.apparelnews.net：加利福尼亚／洛杉矶区域的服装资讯、贸易信息、行业趋势。

Www.apparelsearch.com：服装业资讯、服务、项目咨询，全球化购物，这是采购资源的最佳网站之一。

www.biztradeshows.com/apparel-fashion：搜索全球服装业贸易展会、纺织服装展览、服装贸易展、服装技术的资源网站。

www.britishfashioncouncil.com：英国时装协会策划组织伦敦时装周，是连接服装业与教育的优秀平台。

www.cottoninc.com：农业、纺织纤维调研、市场动态以及技术支持、流行预测以及零售推广、全球面料采购。

www.ehow.com/fashion-and-style：服装领域一般的资源信息、文章、视频等。

www.fashion.about.com/od/stylebasics：关于尺寸、测量以及其他一般信息的查询。

www.fashioncenter.com：总部位于纽约服装圈——提供工厂资源、面料及服务。

www.photographiclibraries.com/fashion_photographers：列出了摄影师以及提供广告拍摄、视频编辑、服装秀等服务的信息，并与时尚、艺术以及相关网站之间有链接。

www.polyvore.com：与时尚网站链接——开始或创建一个新趋势，创建情绪板／风格板／概念展示，发掘最热的品牌、产品、趋势和设计。

www.premierevision.fr：“第一视觉”面料展，一个十分重要的面料展会，与 Expofil 纱线展、Indigo 展一起在巴黎举办。

www.weconnectfashion.com：全球时尚搜索引擎——时尚大事件、贸易展、制造商、服装、纺织和配件产品。

流行趋势、系列发布、预测

www.elle.comELLE：杂志——时装秀、产品系列、流行趋势话题、流行文化等。

www.fashion.net：与其他网站的快捷链接，时尚杂志和一般的行业信息。

www.fashionangel.com：服装设计师、在线杂志、服务、购物。

www.fashioncapital.co.uk：介绍时尚界的最新流行趋势并预测下一季趋势。

www.fashionguide.com：信息、采购、品牌、购物以及与其他全球范围内的时尚／服装、音乐以及相关网站、全球资讯的链接。

www.fashionmall.com：国际化的服装业大黄页，致力于时尚，产品系列更新，季节要点以及着装建议。

www.fashiontrendsetter.com：在线时尚直播、趋势报告以及新闻电子杂志。

www.fashionwindow.com：时尚趋势、时装秀、活动日程以及时尚主题调研。

www.hintmag.com：Hint 杂志——精彩的时尚点评、趋势发布、人物采访以及产品介绍。

www.londonfashionweek.com：大型时装秀。

www.modainfo.com：趋势信息的全球供应商——出版机构、工具以及咨询服务。

www.modaitalia.com：源自意大利的时尚，包括纺织、美容、时尚日程等。

www.nytimes.com/pages/fashion：《纽约时报》时尚专栏。

www.promostyl.com：国际流行趋势／设计机构、趋势调研、流行趋势手册以及在线产品。

www.showstudio.com：时尚播报主要宗旨是邀请艺术、时尚以及艺术领域的主要创意人物一起协作完成新的作品，宣传现场活动。

PARIS, October 1
By *Meenal Mistry*

The show notes at Vivienne Westwood felt like an e-mail from an old, dear friend who happens to think and feel very deeply. They began with the words: "Bullet points are a good way of setting out your ideas." And the designer did just that, enumerating a slightly

Vivienne Westwood

REVIEW COMPLETE COLLECTION

Save the planet.

Westwood titled the collection The Only One, presumably in reference to Earth, but she could have been talking about her own singular role—equal parts grande dame, provocateur, and industry Cassandra. Certainly these clothes, which had a recycled

see the slideshow › view full screen ›

www.style.com： 非常棒的网站，与 *Vogue* 以及 *W* 杂志链接；展示最新的设计师产品发布视频以及新闻报导；名人款式，趋势报导以及重大时尚新闻。

www.thetrendreport.com： 很酷的网站——时装秀、时尚点评以及顾客购买指南。

www.trendland.net： 在线杂志——艺术、文化、设计、时尚、摄影和咨询。

www.vogue.co.uk： 《服饰与美容》英国在线版，月刊——日常新闻、采访、工作机会，还可以对 1946-1992 的版本有限查阅。

www.wgsn.com/public/wgsndaily： 英国在线时尚预测和潮流趋势分析服务机构——为服装 / 设计企业提供在线信息资讯服务，其与 WGSN 主业务有所区别。

wwww.wwd.com： 美国服装零售商日报《女式日装》在线版——头版头条、与其他网站的链接、订阅情况以及在线预览完整版。

戏剧服装历史、博物馆、教育调研

www.fashion-era.com： 不同时期的服饰调研。

www.nga.gov/collection/gallery： 美国国家艺术馆，美式设计的索引——从殖民时期到 19 世纪的好几千幅美式水彩画装饰艺术品，非常棒的视觉资源参考素材。

www.vam.ac.uk： 英国维多利亚阿伯特博物馆——展会活动、教育、历史调研以及其他。

www.vintagefashionguild.org： 关于复古时装的丰富资源和调研——VFG（复古时尚协会），在美国、英国、加拿大和澳大利亚都有会员。

博客

www.ashadedviewonfashion.com： 黛安娜 · 佩尔内，出生于美国的记者和时尚编辑，常驻巴黎，经常坐在时装秀的前排，博客的内容讲述的都是关于年轻的设计人才。

www.facehunter.blogspot.com： 伊万 · 罗迪克穿梭于全球各地的街道，从雷克雅维克到维也纳，寻找新奇的食物，街拍注重个人风格。

www.thesartorialist.com： 斯科特 · 斯库曼，纽约人，其博客已经成为一种时尚现象。他经常穿梭于全球各地街拍个人特色的着装，从普通人到时尚业内人士，风格简洁、低调。

还有其他网站：（www. 前缀省略）bryanboy.com、catwalkqueen.tv、feelslikewhitelightning.com、jakandjil.com、nymag.com/daily/fashion、redcarpet-fashionawards.com、stylebubble.typepad.com、themoment.blog.nytimes.com。

新网站： 越来越多的公司借助于互联网来推广自己，扩大知名度，网络资源也越来越丰富。关键词搜索是唯一可以准确获取最新网站及信息的有效方法。